CSI로 배우는 과학 2

CSI로 배우는 과학 2

지은이 리처드 스필스버리, 캐롤 밸러드
옮긴이 이충호

1판 1쇄 발행 2010년 4월 19일
1판 2쇄 발행 2011년 7월 21일

펴낸이 김영곤
키즈사업본부장 신정숙
책임편집 탁수진
교육마케팅 이희영, 김태균, 민안기, 오하나, 정원지, 김해나
디자인 북이십일 디자인팀_김수아

펴낸곳 (주)북이십일 을파소
출판등록 2000년 5월 6일 제10-1965호
주소 경기도 파주시 교하읍 문발리 파주출판문화정보산업단지 518-3 (413-756)
전화 031-955-2171(마케팅) 031-955-2444(편집) | **팩스** 031-955-2177
이메일 eulpaso@book21.co.kr
홈페이지 http://www.book21.com

값 13,500원
ISBN 978-89-509-2312-9 03500
       978-89-509-2313-6(세트)

The Brown Reference Group Ltd.
First Floor
9-17 St. Albans Place
London N1 ONX
www.brownreference.com
Copyright © 2009 The Brown Reference Group Ltd

CSI로 배우는 과학

CSI로 2 과학
배우는

BRG 편집부 지음 · 이충호 옮김

을파소

차 례

3 과학으로 밝혀내는 위조 범죄

1

과학으로 파헤치는
범행 현장

범행 현장에 남겨진 단서

죄자는 충동적으로 범죄를 저지를 때가 많아요. 그래서 범행을 저지르면서 자기도 모르게 여러 가지 단서를 남기게 되지요. 화단에 남은 발자국, 문손잡이에 묻은 지문, 카펫에 떨어진 머리카락 한 올…… 이런 것들이 모두 범인을 밝혀 내는 단서가 되어요. 어떤 단서들은 범행이 언제 어떻게 일어났는지 추측할 수 있게 해 주어요. 이런 단서들을 모두 종합하면, 범행 현장에서 정확하게 어떤 일이 일어났는지 추리할 수 있어요.

범행 현장 조사관들이 범행 현장에서 증거를 수집하고 있어요. 각각의 증거는 발견된 장소를 알 수 있도록 번호표를 붙여 표시해요.

범행 현장에서 발견된 단서들은 분석을 위해 봉지에 넣어 과학 수사 연구소로 보내요.

EVIDENCE

ENSURE HEAT SEAL IS SECURE BEFORE SUBMISSION.

Submitting Agency
Case Number
Evidence Description
Evidence's Name
Victim's Name
Suspect's Name
Description of Offence
Evidence Recovered By
Date Recovered
Contact Information

CHAIN OF CUSTODY

From	To	Date Sealed	Date

FOR CRIME LABORATORY ONLY

Crime Laboratory
Laboratory Case Number
Date Received
Notes _____ Date Opened

No. 157/003 A

EVIDENCE

여러 종류의 단서

범죄의 종류에 따라 범행 현장에 남는 단서도 달라요.

단서에는 다음과 같은 것들이 있어요.

- 밀물과 썰물 혹은 강물의 흐름과 같은 자연 환경이 남긴 것
- 컴퓨터나 휴대 전화 같은 디지털 기기
- 발자국을 비롯해 범인이 남긴 흔적
- 옷에서 떨어진 섬유
- 탄환이나 칼 같은 무기
- 공격자가 남긴 지문이나 잇자국
- 머리카락, 혈액, 침 같은 생물학적 증거
- 시체에 붙어 있는 구더기 같은 곤충
- 독, 약물, 세제 같은 화학 물질

단서로 범인 찾기

범행 현장 조사가 끝나면, 수집한 단서들을 과학 수사 연구소로 보내 분석해요. 과학 수사 연구소는 분석 결과를 보고서로 작성해 경찰로 보냅니다. 분석 결과는 경찰이 범인을 찾는 데 도움을 주어요. 실제로 범행 현장에 남은 단서로 범인이 누군지 알아내는 경우가 많아요. 그러면 경찰은 용의자 검거에 나서지요.

범행 현장의 증거 수집

범행 현장에 도착한 경찰은 즉시 수사에 중요한 장소 주변을 차단해요. 단서 수집이 끝날 때까지 현장을 잘 보존해야 하기 때문이지요. 그러지 않으면 중요한 단서가 오염되거나 훼손될 수 있어요. 예를 들어 무심결에 범행 현장에 남아 있는 컵을 들어올리기라도 했다간 범인이 남긴 지문이 지워질 수도 있어요. 또, 부드러운 지면을 함부로 밟고 지나갔다간 범인이 남긴 발자국을 훼손할 수 있어요. 경찰이나 무고한 시민이 떨어뜨린 머리카락을 범인의 것으로 오해할 수도 있어요. 이런 일들을 방지하기 위해, 범행 현장 주변에는 테이프를 둘러쳐 사람들의 출입을 봉쇄해요.

10

경찰은 범행 현장을 보존하기 위해 테이프로 주변을 둘러쳐 봉쇄해요.

이것은 살인 사건이 일어난 1차 범행 현장이에요. 피해자의 시체 윤곽을 분필로 표시해 놓았어요.

현장정보 INFORMATION

증거 수집 절차

범행 현장에 도착한 경찰과 범행 현장 조사관은 다음과 같은 단계를 밟아 조사를 해요.

1. 범행 현장을 맨 먼저 발견한 사람과 다른 목격자들, 그리고 가능하다면 피해자의 진술을 들어요.
2. 범행 현장을 살펴보면서 현장의 구조를 파악하고, 단서와 증거가 될 만한 것들을 확인해요.
3. 범행 현장을 사진으로 찍고 기록으로 남겨요. 피해자와 증거의 위치를 정확하게 표시해야 해요.
4. 범행 현장에서 물리적 증거들을 수집해 과학 수사 연구소로 보내요.

범행 현장 조사관

범행 현장 조사관은 범행 현장에서 증거를 수집하는데, 범행 현장을 오염시키지 않도록 보호복을 입고 작업을 해요. 범행 현장을 아주 꼼꼼하게 살피는 것이 필요해요. 범행이 실외에서 일어났다면, 날씨 때문에 증거가 훼손될 수 있어요. 그래서 실외 범행 현장은 증거를 보존하기 위해 천막을 치기도 해요.

1차 범행 현장과 2차 범행 현장

범행 현장은 두 종류가 있어요. 1차 범행 현장은 실제로 범죄가 발생한 장소를 말해요. 예를 들면, 절도 사건이 일어난 장소 같은 곳이지요. 2차 범행 현장은 범죄가 일어나기 전이나 후에 용의자가 있었던 장소를 말해요.

탐문 수사

목격자들은 범행에 관해 많은 것을 알려 줄 수 있어요. 수사관은 다음과 같은 질문들을 던져요. 특이한 걸 보았나요? 수상한 사람을 보았나요? 혹시 황급히 달아나는 사람을 보았나요? 이상한 차량이나 오토바이가 밖에 서 있는 걸 보았나요? 다투는 소리가 들렸나요? 경보가 울렸나요? 이웃이나 근처 가게 주인, 지나가는 사람, 친구, 가족 등 모든 사람이 경찰의 탐문 수사에 도움을 줄 수 있어요.

범인의 흔적이 남은 범행 현장

범행 현장은 실내인 경우가 많기 때문에, 범인은 어떻게든 실내로 침입했을 거예요. 창문이 깨졌다거나 문 자물쇠가 부서졌다거나 하는 침입의 흔적이 없는지 살펴보아야 해요. 그런 흔적이 없다면, 범인은 열쇠로 문을 열었거나 피해자가 직접 문을 열어 주었을 거예요. 범인이 건물을 떠날 때 남긴 흔적이 없는지도 자세히 살펴보아야 해요.

만약 범행이 실외에서 일어났다면, 범행 현장 조사관은 땅 위에 남은 흔적을 살펴봅니다. 발자국이나 타이어 자국이 남아 있지는 않은가, 식물이 흐트러지거나 부러진 흔적은 없는가, 범인이 남기고 간 물건은 없는가 등을 살펴보아요.

범행 현장을 기록으로 남기기

범행 현장이 실내이건 실외이건 간에 범행 현장 조사관은 모든 단서와 증거를 나중에 자세히 조사할 수 있도록 기록으로 남겨요. 범행 현장을 영구적인 기록으로 남기는 가장 좋은 방법은 사진을 찍는 것이에요.

사진은 범행 현장에 남아 있는 모든 것을 보여 주고, 문이 열려 있는지 닫혀 있는지와 피해자의 시체 위치 같은 중요한 정보를 기록해요. 근접 촬영 사진은 부분적인 장소에 대해 자세한 정보를 제공해요. 예컨대, 벽에 묻은 혈흔(핏자국) 같은 증거의 정확한 위치를 알려 주지요. 범행 현장을 기록으로 남기는 다른 방법으로는 비디오 녹화, 메모, 스케치 등이 있어요.

현장의 증거 수집

기록을 모두 마치고 나면, 범행 현장 조사관은 증거 수집을 시작해요. 어떤 증거는 봉지나 용기에 넣어 과학 수사 연구소로 보냅니다. 예를 들면, 머리카락과 섬유는 현미경으로 자세히 관찰하는 게 필요해요. 그렇지만 지문 증거 같은 것은 범행 현장에서 직접 채취해요. 문손잡이나 다른 표면에 특수한 가루를 뿌려 지문이 분명하게 나타나면, 그것을 채취하지요.

13

범행 현장 조사관이 빈 병에 조심스럽게 가루를 뿌려 유리 표면에 남은 지문을 드러나게 하고 있어요.

다양한 현장 조사 방법

범행 현장 조사관은 단서를 하나라도 놓치지 않도록 범행 현장을 구석구석 샅샅이 조사해요. 범인이 만졌을 가능성이 높은 장소부터 먼저 살펴보는 게 원칙이에요. 예를 들어 절도 사건의 경우, 범인은 문이나 창문, 장롱 표면을 만졌을 가능성이 높아요.

범행 현장 조사관이 범행 현장에서 발견된 권총을 봉지에 담고 있어요. 이것은 과학 수사 연구소로 보내 자세히 분석할 거예요.

페인트 부스러기로 잡은 뺑소니범

어떤 운전자가 보행자를 치고는 그냥 달아나 버려 피해자가 사망하고 말았어요. 경찰은 용의자를 체포해 그의 자동차를 조사했어요. 과학 수사 연구소의 전문가들이 자동차 페인트를 조사해 보았더니, 푸른색 페인트 밑에 노란색 페인트가 초벌로 칠해져 있었어요. 그 다음에는 피해자의 옷에 묻은 페인트 부스러기를 현미경으로 살펴보았어요. 그랬더니 그 페인트 부스러기는 그 자동차에 칠해진 것과 일치했어요. 좀 더 확실히 하기 위해 과학자들은 두 페인트 시료의 화학 성분을 분석해 보았는데, 이것 역시 일치했어요. 이 증거는 용의자가 뺑소니범이라는 걸 입증하는 데 도움을 주었어요.

증거의 종류

증거는 크게 두 종류로 나눌 수 있어요. 물리적 증거는 지문이나 발자국, 권총, 총알, 도구나 무기가 남긴 자국 같은 것이에요. 그리고 생물학적 증거는 혈액이나 침 같은 체액이에요.

피의 흔적을 찾아 주는 루미놀

루미놀(luminol)은 눈에 보이지 않는 피의 흔적을 드러나게 하는 약품이에요. 루미놀은 피와 반응하면 파란 형광을 내며 빛납니다. 그렇지만 루미놀만으로는 피의 존재를 확인하기에 충분치 않아요. 만약 루미놀에 반응이 나타나면, 추가 실험을 통해 피의 존재를 확인합니다. 루미놀은 표백제 같은 물질에도 반응을 하기 때문이에요.

빛을 이용한 현장 조사

범행 현장에서 조사관은 특별한 종류의 광원을 사용해요. 조사하고자 하는 표면에 어떤 화학 물질을 뿌린 다음에 이 빛을 비추면, 지문이나 발자국, 혈흔 따위를 찾아낼 수 있습니다. 지문이나 혈흔 같은 체액은 푸른빛으로 나타나지요. 이 방법을 사용하면, 마구 휘갈겨 쓴 글씨도 분명하게 볼 수 있어요.

터키의 이스탄불에 있는 한 식당 밖에서 폭발 사고가 일어난 뒤, 범행 현장 조사관들이 현장을 조사하고 있어요.

여러 가지 현장 조사 방법

만약 범행 현장이 아주 넓다면, 중요한 단서를 하나라도 놓치지 않도록 현장 조사를 체계적으로 할 필요가 있어요. 범행 현장 조사관들은 현장 조사를 철저하게 하기 위해 여러 가지 방법을 개발했어요.

밖에서 안으로 나선형으로 조사하는 방식: 범행 현장 가장자리에서 조사를 시작하여 점점 작은 원을 그리며 안쪽으로 조사해 가는 방식이에요. 범행 현장 조사관의 발자국은 나선형을 그리게 되지요.

안에서 밖으로 나선형으로 조사하는 방식: 범행 현장 중심에서 시작하여 점점 큰 원을 그리며 바깥쪽으로 조사해 가는 방식이에요. 이번에도 범행 현장 조사관의 발자국은 나선형을 그리게 되지요.

직선 조사 방식: 직선 방향으로 왔다 갔다 하면서 전체 현장을 조사하는 방식이에요. 범행 현장 조사관의 발자국은 직선을 그려요.

평행선 조사 방식: 많은 조사관이 범행 현장의 한쪽 끝에서 일렬로 죽 서서 반대쪽을 향해 걸어가면서 조사하는 방식이에요. 조사관들의 발자국은 평행선을 그리게 되지요.

격자형 조사 방식: 조사관들이 먼저 가로 방향으로 범행 현장을 가로질러 간 뒤, 다음엔 세로 방향으로 범행 현장을 가로질러 가며 조사하는 방식이에요. 조사관들의 발자국은 격자 모양을 그리게 되지요.

구역별 조사 방식: 범행 현장을 작은 구역들로 나눈 뒤, 각 조사관이 맡은 구역을 철저하게 조사하는 방식이에요.

현장정보 INFORMATION

사진을 활용한 현장 조사

범행 현장의 증거를 기록하기 위해 근접 촬영 사진을 찍기도 해요. 이것은 판사나 배심원에게 범행 현장의 모습이 정확하게 어떠했는지 간단하게 보여 줄 수 있는 방법이기도 해요. 예를 들어 핏자국을 찍은 사진은 핏자국이 얼마나 많이, 어떻게 흩어져 있었는지 보여 주지요. 이때, 핏자국의 정확한 크기를 가늠할 수 있게 사진의 배율도 옆에 표시하는 게 필요해요.

17

범행 현장 조사관이 시체의 정확한 위치를 기록하기 위해 피살자의 사진을 찍고 있어요.

현장에 남겨진 범인의 흔적

살인 사건이 일어나 범행 현장 조사관들이 시체를 치우고, 현장을 철저하게 조사하고 있어요. 범행 현장에서 다음과 같은 단서들이 발견되었어요.

1_ 창문 아래 바닥에 깨진 유리 조각이 있는 것으로 보아 범인은 창문을 깨고 침입한 것 같아요. 단서를 찾기 위해 창문과 유리 조각을 자세히 살핍니다.

2_ 창틀에 핏자국이 남아 있어요. 핏자국을 사진으로 찍고, 분석을 위해 시료를 채취해요.

3_ 종이컵에 침이 묻어 있을지도 몰라요. 그렇다면 거기서 DNA를 추출해 분석할 수 있을 거예요.

4_ 창턱에서 발자국이 발견되었어요. 사진을 찍거나 정전기 먼지 채취기를 사

◀ 특수한 빛을 벽에 비추었더니 피 묻은 지문이 나타났어요. 이것은 피살자의 것일까요, 살인자의 것일까요?

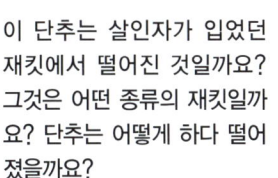

이 단추는 살인자가 입었던 재킷에서 떨어진 것일까요? 그것은 어떤 종류의 재킷일까요? 단추는 어떻게 하다 떨어졌을까요?

용해 발자국 모양을 정확하게 알아내면, 나중에 실제 신발과 대조할 수 있는 증거가 되어요.

5_ 문손잡이에 지문이 남아 있을까요? 그 위에 가루를 뿌리면 지문이 선명하게 나타납니다. 그러면 접착테이프로 지문을 채취해 카드에 붙여요. 이제 과학 수사 연구소로 가져가 비슷한 범죄를 저지른 전과자들의 지문과 대조해 보면 일치하는 게 나올지도 몰라요.

6_ 카펫 위에 섬유가 떨어져 있지 않을까요? 눈에 보이는 섬유는 핀셋으로 집어 수집하면 되고, 보이지 않는 섬유는 진공청소기로 빨아들여 찾습니다.

7_ 문틀에 총알이 하나 박혀 있어요. 이것은 아주 조심스럽게 빼내야 해요. 총알은 그것이 어떤 총에서 발사된 것인지 알아내는 데 중요한 증거가 되어요.

8_ 식탁 위에 유리컵이 2개 놓여 있어요. 거기에 혹시 침이 묻어 있지 않을까요? 침을 분석하면 음료수를 마신 사람이 누구인지 확인할 수 있어요.

작지만 결정적인 단서들

어떤 증거는 쉽게 오염되거나 손상될 수 있어요. 그래서 범행 현장 조사관은 그런 증거를 먼저 수집합니다. 그런 다음에 다른 증거들을 수집하지요.

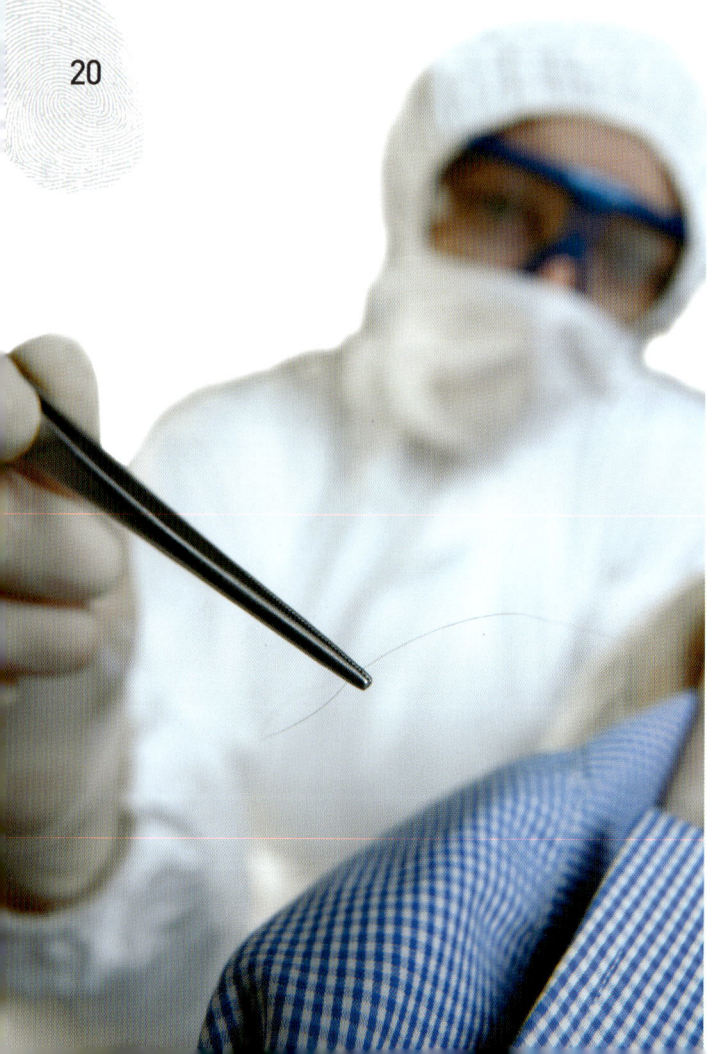

머리카락과 섬유

머리카락이나 섬유는 핀셋으로 조심스럽게 집어 올려 봉지나 용기에 담습니다. 일부 표면은 진공청소기로 빨아들여 혹시라도 놓치는 증거가 없는지 확인해야 해요. 각 구역을 조사할 때마다 깨끗한 먼지 주머니를 사용해 아주 작은 증거라도 놓치지 않도록 신경 써야 해요.

◀ 범행 현장 조사관이 핀셋을 사용해 머리카락을 집어올리고 있어요. 이 머리카락은 과학 수사 연구소로 가져가 자세히 분석할 거예요.

진흙 위에 용의자의 운동화 자국이 남았어요. 범행 현장 조사관은 사진을 찍고 소석고로 본을 떠 기록으로 남깁니다.

단단한 물체

깨진 유리 조각이나 총알, 무기 같은 증거는 사진으로 찍어요. 그리고 오염되지 않게 비닐봉지 안에 넣고 라벨을 붙인 뒤, 과학 수사 연구소로 가져가 자세하게 분석합니다.

모형으로 만든 증거

진흙 위에 발자국이 남아 있다면, 먼저 사진을 찍습니다. 그 다음에는 발자국의 본을 떠 영구적인 모형으로 만듭니다. 이것을 위해 범행 현장 조사관은 항상 소석고와 물을 가지고 다녀요. 반죽한 소석고를 진흙에 찍힌 발자국 위에 쏟아 부어요. 그리고 소석고가 굳을 때까지 기다립니다. 충분히 단단해지면 소석고를 조심스럽게 떼어 내 용기 속에 넣어 과학 수사 연구소로 가져가요.

현 장 정 보 INFORMATION

침에서 추출한 DNA

어떤 물체에는 혈액이나 침 같은 체액이 묻어 있을 수 있어요. 예를 들면, 더러운 유리컵에 침이 묻어 있을지도 몰라요. 침에서는 DNA를 추출할 수 있어요. DNA는 우리 몸의 모든 세포에 들어 있는데, 사람마다 제각각 달라요. 따라서 범행 현장에서 발견된 DNA는 그 사람이 그곳에 있었다는 증거가 되어요. 체액이 묻어 있는 것으로 보이는 표면은 면봉으로 잘 닦아 체액을 흡수합니다. 그리고 면봉을 과학 수사 연구소로 가져가 분석해요.

현장에 숨겨진 지문

죄자는 다양한 물체 표면에 지문을 남깁니다. 그 중에는 피 묻은 손으로 벽을 만진다든지 하여 눈에 잘 띄는 것도 있어요. 또, 비누처럼 부드러운 표면에 손을 댔다가 지문을 남기기도 해요. 부드러운 표면이 눌려서 찍힌 지문은 눈에는 잘 보이지만, 지문 모양이 자세하게 남아 있지 않을 수도 있어요. 반질반질한 표면에 땀이 묻어 생긴 지문은 맨눈으로는 잘 보이지 않아요. 이럴 때에는 다른 방법을 써야 해요.

접착테이프를 사용해 표면에 묻은 지문을 채취합니다. 접착테이프를 특별한 종류의 카드에 갖다 붙이면 지문의 형태가 선명하게 나타나요.

숨은 지문 찾기

범행 현장 조사관은 문이나 손잡이 같은 표면에서 지문을 찾습니다. 범죄자가 이런 곳을 손으로 만졌을 가능성이 높기 때문이지요. 때로는 밝은 빛을 표면에 비추면 보이지 않던 지문이 드러나기도 해요. 불을 끄면 잘 보이지 않아요. 이런 지문을 영구적으로 기록하기 위한 방법들이 여러 가지 개발되었어요.

지문은 범인을 확인하는 데 사용되어요.

현 장 정 보 INFORMATION

지문을 드러나게 하는 방법

범행 현장 조사관은 지문을 잘 보이게 하기 위해 여러 가지 방법을 써요.
가루를 붓으로 표면 위에다 문지르면, 가루가 지문에 들러붙어 지문이 잘 보여요. 가루의 색은 검은색과 은색 등 다양하게 있으므로, 표면 색깔과 대조적인 것을 선택하면 돼요. 드러난 지문을 사진으로 찍어 기록합니다. 그 다음에는 지문 위에다 접착테이프를 붙였다 떼어내면, 거기에 지문이 찍혀 나와요. 접착테이프를 가루의 색과 대조적인 색을 띤 카드에다 붙입니다.
요오드, 닌히드린, 질산은 같은 화학 약품을 사용하면 다공질 물질 표면에 남은 지문을 채취할 수 있어요. 약품을 물질 표면에 살포하거나 물질을 액체 약품 속에 담그면 지문이 드러나요.
특수 아교 같은 물질의 증기를 뿜어 주면, 물체 표면을 손상시키지 않고 지문을 드러나게 할 수 있어요. 아교를 금속 쟁반 위에서 가열한 뒤, 금속 쟁반과 지문이 묻은 물체를 밀폐된 용기 속에 넣습니다. 그러면 아교에서 나온 증기가 지문과 반응하여 지문이 눈에 보이게 되어요.

거짓을 입증하는 환경 증거

환경도 범죄에 대해 많은 정보를 제공해요. 때로는 용의자의 진술이 사실인지 확인하는 데 쓸 수 있어요. 용의자가 거짓말을 한다면, 그 당시의 환경과 대조해 거짓이라는 걸 입증할 수 있어요. 또, 시체나 그 밖의 증거품을 찾는 데에도 도움이 되어요.

사건파일 X-FILE

중요한 단서가 된 소나무 씨

1960년, 그레임 손이라는 사람의 시체가 발견되었어요. 그런데 시체에 희귀한 소나무의 씨가 묻어 있었어요. 시체가 발견된 장소 근처에는 그런 소나무가 전혀 없었어요. 그 씨는 사건을 해결하는 데 중요한 단서가 되었어요. 경찰은 그 씨를 뿌렸을 법한 소나무를 찾아다니다가 근처의 한 정원에서 그것을 발견했어요. 게다가 그 집의 벽돌 사이에 바른 모르타르는 시체에서 발견된 모르타르 부스러기와 성분이 같았어요. 이런 단서들을 바탕으로 경찰은 범인을 찾아낼 수 있었어요.

날씨의 증거

기상 전문가는 어느 시간에 어떤 장소의 날씨가 어떠했는지 알고 있어요. 이것은 용의자의 진술이 사실인지 확인하는 데 중요한 정보가 될 수 있어요. 예를 들어 용의자가 자동차를 몰다가 빙판 길에서 미끄러졌다고 진술했지만, 기상 전문가는 그 날은 도로가 얼 만큼 춥지 않았다고 말한다면, 용의자가 거짓말을 하고 있는 게 분명하지요.

흙의 증거

흙은 장소에 따라 서로 구성 성분이 달라요. 용의자에 신발에 묻은 흙을 분석하면, 용의자가 어떤 장소에 갔다는 증거를 얻을 수 있어요.

조수와 강물의 흐름

강에다 버린 시체는 강물에 떠내려가게 됩니다. 강물의 속도와 방향을 파악하면 두 가지를 알 수 있어요. 만약 시체를 강물에 던진 장소와 시간을 안다면, 시체가 어디쯤 떠내려갔을지 알 수 있어요. 반대로, 만약 강에서 시체를 발견했다면, 어디쯤에서 시체를 던졌는지 추측할 수 있어요.

조수(밀물과 썰물)도 비슷한 정보를 제공해요. 밀물과 썰물은 하루에 두 번씩 일어납니다. 밀물과 썰물이 일어나는 시간을 알면, 수색을 하거나 현장 조사를 하는 데 큰 도움을 얻을 수 있어요.

식물의 증거

식물에서 나온 물질을 분석하면 그 식물이 자라는 장소를 알아낼 수 있어요. 예를 들어 어떤 사람의 옷에서 개암나무 꽃가루가 발견되었다면, 그 사람이 개암나무가 자라는 장소에 있었다는 걸 알 수 있지요. 범행 현장에 있는 식물에서도 단서를 얻을 수 있어요. 식물이 밟힌 흔적이 있거나 낮은 가지가 부러져 있다면, 사람이 그곳을 지나갔다는 걸 알 수 있지요.

사람의 옷에 묻은 꽃가루를 현미경으로 확대해 조사한 다음 추적해 보면 그 사람이 어디에 간 적이 있는지 알 수 있어요.

25

현장체험

흙의 종류

들이나 정원처럼 서로 다른 장소에 있는 흙을 몇 가지 수집해 보세요. 각각의 시료를 별도의 비닐봉지에 담아 수집하세요. 수집해 온 흙들을 바닥 위에 쏟아 놓고 서로 비교해 보세요. 색, 질감, 돌멩이나 죽은 식물 물질이 섞인 정도 등이 각각 다를 거예요.

컴퓨터가 제공하는 디지털 단서

컴퓨터는 사건 해결에 도움을 주는 온갖 종류의 정보를 제공했어요. 경찰은 용의자의 PC와 노트북뿐만 아니라, CD나 메모리 카드, 인터넷 등 정보가 저장돼 있는 장소를 모두 수색할 필요가 있어요. 얼마나 많은 인원이 투입되고, 얼마나 많은 자료를 뒤지느냐에 따라 조사 기간은 며칠에서 몇 개월까지 달라질 수 있어요.

많은 범죄 사건의 경우, 컴퓨터 정보를 정밀하게 살펴보는 게 필요해요.

컴퓨터에서 찾아내는 단서

컴퓨터 전문 과학 수사관은 컴퓨터에 들어 있는 모든 파일을 찾아 살펴봅니다. 또, 웹사이트와 이메일도 모두 살펴보지요. 그러면서

숨어 있는 정보

컴퓨터 정보는 경찰이 찾아내기 어렵게 보안 장치를 설치해 놓은 경우가 많아요. 파일은 패스워드를 설정해 보호할 수 있어요. 또 정보를 암호로 만들어 놓을 수도 있는데, 그러면 해독 프로그램이 있어야만 그것을 읽을 수 있어요. 범죄자는 중요한 파일을 지우기도 하지만, 모든 흔적을 다 없애는 것은 불가능해요. 전문가는 그런 파일을 복구할 수 있어요. 어떤 범죄자는 '안티포렌식' 기술을 사용해요. 이것은 디지털 정보를 숨기거나 삭제 또는 파괴하는 기술을 사용해 경찰이 그 증거를 얻지 못하게 하는 기술을 말해요.

▲ 범죄자는 경찰이 제대로 보지 못하도록 파일을 암호화하기도 해요.

27

자신이 하는 모든 일을 기록으로 남기는데, 수사관의 활동이 컴퓨터에 저장된 정보에 아무런 지장을 주지 않았다는 걸 입증하기 위해서예요.

그 밖의 디지털 단서

그 밖의 전자 장비들도 정보를 제공할 수 있어요. 휴대 전화에는 통화 정보가 저장돼 있어요. 통신 회사도 각각의 통화가 언제 이루어졌는지 일일이 기록하고 있어요. 이런 정보들은 범죄 사건을 수사하는 경찰에게 중요한 단서가 되어요.

웹사이트에 남은 정보

인터넷 회사들은 고객이 인터넷을 사용하는 정보를 자세히 기록하고 있어요. 방문한 웹사이트, 방문 횟수, 각 웹사이트에 머문 시간 등이 모두 기록되어요. 이러한 정보는 수사관에게 큰 도움을 주어요. 예를 들어 테러 단체의 웹사이트를 방문하는 데 사용된 컴퓨터는 테러 활동에 관련된 사람의 것일 수 있어요.

자국이 남긴 증거

타양한 종류의 자국은 중요한 단서나 증거가 될 수 있어요. 발자국, 총알 구멍, 타이어 자국, 연장 자국 등은 모두 어떤 일이 일어났고, 어떤 사람이 관련되었는지 알려 주는 증거가 되어요.

발자국

발자국이 남는 방법은 두 가지가 있어요. 모래나 흙처럼 부드러운 표면 위에 서 있으면, 몸무게 때문에 표면이 짓눌리게 되어요. 그래서 신발과 신발 바닥의 고유한 모양이 바닥에 남게 되지요. 끈적끈적하거나 젖어 있거나 흙가루로 덮인 표면 위로 걸어가면, 그 물질이 신발에 들러붙게 되어요. 그랬다가 다른 표면 위로 걸어가면 발자국이 남아요. 범행 현장 조사관은 그러한 발자국을 사진으로 찍고, 본을 떠서 증거로 삼아요.

타이어가 모래 위에 자국을 남겼어요. 범행 현장 조사관은 타이어 자국을 증거로 보존하기 위해 사진을 찍어요.

타이어 자국

타이어 자국도 발자국과 똑같은 원리로 남아요. 차가 진흙길을 달리면, 진흙길에 타이어 자국이 남아요. 그러다가 포장 도로 위로 달리면 도로에 진흙이 묻으면서 또 타이어 자국이 남지요. 이러한 자국을 사진으로 찍고 본을 떠서 용의자 차량의 타이어와 비교할 수 있어요.

연장 자국

범죄자는 집이나 차량에 침입하기 위해 다양한 연장을 사용해요. 그런데 연장은 표면에 닿을 때 자국을 남겨요. 남는 자국의 모양에는 여러 가지 변수가 영향을 미쳐요. 나사돌리개와 칼은 끝 모양이 다르기 때문에 서로 다른 자국을 남겨요. 연장이 닿는 표면도 중요해요. 단단한 표면보다는 무른 표면에 자국이 더 크게 나니까요. 또 하나의 변수는 연장에 가한 힘이에요. 힘이 셀수록 자국이 더 크게 나지요. 연장을 다루는 방식도 자국의 모양에 영향을 미쳐요. 연장을 앞으로 한 번만 죽 뻗으면 좁고 깊은 자국이 생기지만, 옆으로 휘두르면 길고 얕은 자국이 생겨요.

현장체험

자신의 발자국을 살펴보아요

자신의 발자국을 자세히 살펴보세요. 딱딱한 바닥 위에 깨끗한 종이를 깔아 놓으세요. 종이는 신발보다 커야 해요. 이제 신발을 신고 밖으로 나가 진흙 위를 걸어 다니다가 돌아와 한쪽 발을 종이 위에 올려놓고 세게 누르세요. 그러면 종이 위에 선명한 발자국이 찍힐 거예요. 친구들도 같이 하게 하여 발자국을 서로 비교해 보세요. 어떤 게 누구의 발자국인지 알 수 있나요?

29

총알 구멍

총알 구멍을 자세히 분석하면 총알이 날아온 방향을 알 수 있어요. 전문가는 총을 쏜 높이와 그것을 쏠 때 총을 들고 있던 사람의 키까지도 추측할 수 있어요. 가끔 벽이나 문틀에서 총알이 발견되는 경우가 있는데, 그것을 파내려고 하면 총알이 훼손될 수 있어요. 이때에는 총알이 박혀 있는 벽이나 문틀 일부분을 잘라 내 과학 수사 연구소로 가져가 안전하게 꺼냅니다.

무기가 말해 주는 단서

범행 현장에서 무기가 발견되면, 살인 사건 같은 범죄를 해결하는 데 큰 도움이 되어요. 무기에는 많은 정보가 담겨 있기 때문이에요.

무기로 사용되는 물체들

온갖 종류의 물체가 무기로 사용될 수 있어요. 범죄자 중에는 범죄를 저지를 목적으로 무기를 가지고 다니는 사람도 있어요. 그렇지만 충동적으로 주변에 있는 물체를 무기로 사용하는 경우도 있어요. 예를 들면, 말싸움을 하다가 근처에 있던 야구 방망이를 집어 들어 사람을 때릴 수도 있어요.

범인을 알려 주는 무기

무기는 범인을 확인하는 데 도움을 주어요. 직접 총포상에 확인해 범인을 알아내는 경우도 있어요. 총포상은 총기를 판매할 때마다 구입한 사람이 누군지 기록하기 때문이지요. 또, 무기에 지문이나 DNA 같은 범인을 알려 주는 증거가 남아 있는 경우도 있어요.

◀ 전문가는 피해자가 칼에 찔린 상처만 보아도 범인이 사용한 칼이 어떤 것인지 알 수 있어요.

탄도학 전문가

과학 수사 연구소의 탄도학 전문가는 발사한 총알이 날아가는 방식과 총알이 총신에 긁힌 자국 등을 자세히 조사해요. 총알은 발사될 때 총신 안에서 회전하면서 총신에 긁히기 때문에 자국이 남아요. 총마다 총알에 남기는 자국이 각각 다르므로, 전문가는 총알에 남은 이 자국을 보고 어떤 총에서 발사된 것인지 알 수 있어요. 그런데 최근에 탄도학 증거가 항상 옳은 것인지 의문을 제기하는 사람들도 있어요.

총알에 남은 자국(그리고 총알이 남긴 자국)은 사건을 해결하는 데 도움이 되어요.

범행 현장에서 발견된 총알로 범인을 찾을 수도 있어요. 그 총알이 어떤 총에서 발사된 것인지 알 수 있는 방법이 있거든요. 따라서 그 총알을 용의자의 총과 대조해 일치하면, 용의자가 그 총을 쏘았다는 걸 알 수 있어요.

칼에 찔리거나 베인 상처도 칼의 종류에 대해 많은 것을 알려 주어요. 상처를 보고 칼날의 모양과 폭과 길이를 알 수 있어요. 이것은 찾아야 할 무기의 범위를 좁히는 데 큰 도움이 되지요. 또, 어떤 무기가 그 상처를 냈는지 내지 않았는지 판단하는 데에도 도움을 주어요.

사건파일 X-FILE

최초의 탄도학

탄도학 증거는 1902년에 일어난 살인 사건에 처음 사용되었어요. 탄도학 전문가인 올리버 웬델 홈스는 용의자의 총을 무명 뭉치에다 쏘았어요. 그리고 총알에 남은 자국을 피살자를 죽인 총알에 남은 자국과 비교했어요. 두 총알에 남은 자국은 정확하게 똑같았고, 재판관은 용의자에게 유죄를 선고했어요.

범인을 알려 주는 지문과 잇자국

아직까지 지문이 똑같은 사람은 아무도 발견되지 않았어요. 그래서 지문은 범인이나 피해자를 확인하는 데 쓰이고 있어요.

용의자를 찾아내는 증거, 지문

범행 현장 조사관은 범행 현장에서 발견한 지문을 모두 채취합니다. 용의자의 지문도 채취하여 범행 현장에서 발견된 지문과 일치하는지 대조해 보아요. 지문이 일치하면, 용의자가 범행 현장에 있었음을 알려 주는 증거가 되지요. 경찰은 범죄자의 지문을 모두 컴퓨터 데이터베이스에 저장해 두고 있어요. 그래서 범행 현장에서 어떤 지문이 발견되면, 데이터베이스에 저장된 지문 중에 일치하는 것이 없는지 대조해 볼 수 있어요.

◀ 경찰관이 용의자의 지문을 채취하고 있어요. 이 지문은 컴퓨터 데이터베이스에 저장될 거예요.

동물의 이빨

동물에게 물린 자국도 사건 해결에 도움을 줄 수 있어요. 동물마다 턱 모양과 이빨의 배열 형태가 제각각 달라요. 예를 들면, 퓨마의 턱과 이빨은 늑대하고 아주 달라요. 사람이 야생 동물의 공격을 받아 죽는 경우가 종종 있어요. 물린 자국을 보면, 어떤 동물의 공격을 받았는지 알 수 있어요. 심지어 그 동물이 젊은지 늙은지까지도 알 수 있어요.

잇자국을 치과 진료 기록과 비교하면, 용의자나 피해자를 확인할 수 있어요.

33

만약 경찰이 적당한 용의자를 찾아내지 못했다면, 데이터베이스에 있는 지문들과 대조해 볼 수 있어요.

잇자국으로 용의자 확인

피부에 난 잇자국을 기록해 용의자의 치아 사진과 대조해 볼 수 있어요. 용의자의 잇자국을 본을 떠서 비교해 볼 수도 있어요. 이때, 눈여겨보아야 할 비교 대상은 턱의 크기와 모양, 빠진 치아, 부러진 치아 등이에요. 잇자국은 용의자를 확인하는 데 중요한 증거가 되어요. 사람의 잇자국이 모두 다르다는 것은 아직 과학적으로 증명되진 않았지만, 많은 연구자들은 그럴 것이라고 믿어요.

현장체험

지문이 활용되는 곳

지문은 여러 방면에 이용되고 있어요. 문을 여는 열쇠 대신 사용되기도 하고, 은행이나 관공서, 기업 등에서 본인임을 확인하는 데 '지문 인식 장치'를 이용하기도 해요. 생활 주변에서 지문을 이용한 장치들을 찾아보세요.

범인의 몸이 남긴 흔적

생물학적 증거는 다양한 곳에서 발견되어요. 머리카락이나 혈흔(핏자국) 같은 증거는 눈에 분명하게 띄어요. 그렇지만 눈에 잘 띄지 않거나 맨눈으로는 아예 보이지 않는 증거도 있어요. 그렇다고 해서 그런 증거가 중요하지 않은 것은 아니에요.

증거를 발견할 수 있는 곳

범행 현장에서 생물학적 증거를 찾으려면 어떤 곳을 주로 살펴보아야 할까요? 오른쪽 페이지의 표에 생물학적 증거의 출처, 중점적으로 살펴보아야 할 곳, 생물학적 증거의 종류가 실려 있어요.

용의자에게서 채취한 침이 범행 현장에서 발견된 침과 일치할 수도 있어요.

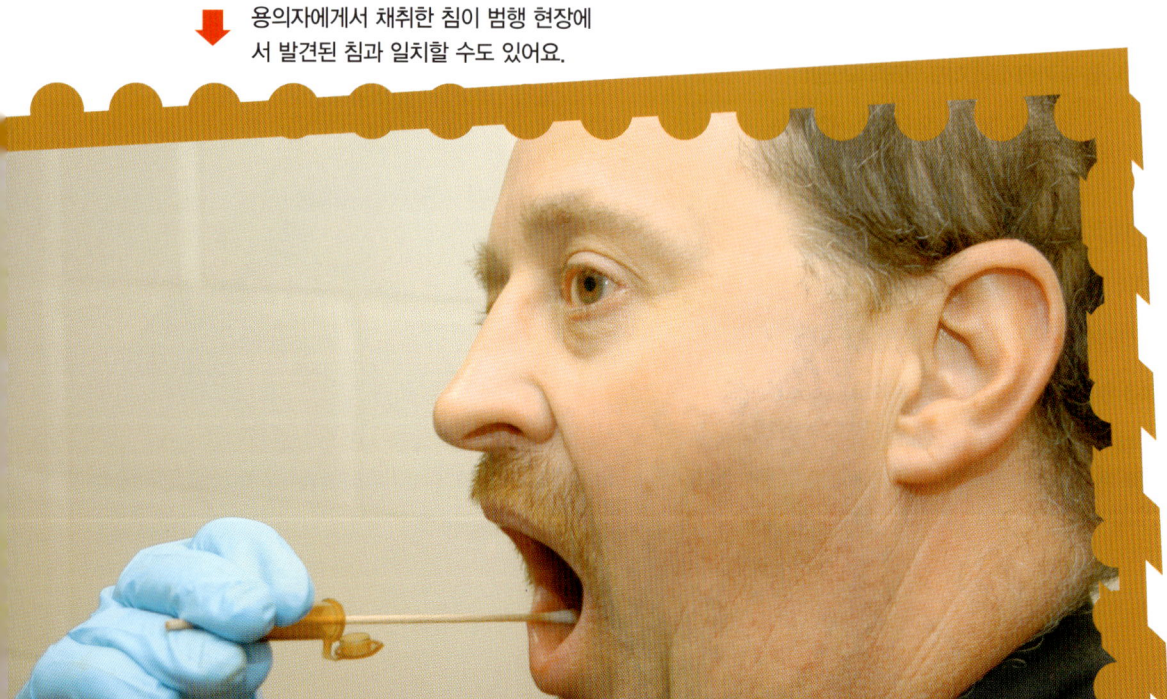

혈청학

혈청에 들어 있는 항체를 대상으로 항원 항체 반응을 연구하는 분야를 혈청학이라고 해요. 혈액에는 적혈구와 백혈구뿐만 아니라, 혈청이란 액체 성분이 들어 있어요. 혈청과 적혈구는 혈액 시료에 대해 중요한 정보를 제공해요.

- 혈청은 사람을 확인하는 데 쓸 수 있어요. 과학자들은 혈청에 들어 있는 항체라는 물질을 연구해요. 우리 몸에 병균이 침입하면, 우리 몸은 병균과 맞서 싸우기 위해 항체를 만들어요. 만약 몸속에서 어떤 항체가 발견된다면, 그 사람은 과거에 그 병에 걸린 적이 있다는 뜻이에요. 이 사실은 사람을 확인하는 데 중요한 단서가 되어요. DNA가 완전히 똑같은 일란성 쌍둥이도 혈청 속에 든 항체들은 서로 달라요.
- 적혈구로 혈액형을 확인할 수 있어요. 사람의 혈액형은 ABO식에서는 A, B, AB, O형의 네 가지가 있고, Rh식에서는 Rh^+형과 Rh^-형이 있어요.

비록 같은 혈액형을 가진 사람이 아주 많긴 하지만, 그래도 혈액형을 알아내면 용의자의 범위를 크게 좁힐 수 있어요.

증거의 출처	중점적으로 살펴보아야 할 곳	생물학적 증거의 종류
더러운 옷	모든 표면	땀, 피부, 머리카락
사용한 우표나 봉투	우표에 침을 바른 곳	침
모자	모자 안쪽	땀, 머리카락, 비듬
병, 컵	가장자리 주변	침, 땀
안경	코를 받치는 부분, 귀를 거는 부분	땀, 피부
휴대 전화	모든 표면	땀, 피부, 침

범죄를 해결하는 DNA 증거

D NA 증거는 1980년대부터 사용하기 시작했는데, 그 후로 많은 나라에서 다양한 범죄를 해결하는 데 사용해 왔어요.

DNA 분석으로 알 수 있는 것

DNA 증거를 수집하고 분석하는 것은 아주 복잡하지만, 그 원리는 아주 간단해요. 모든 생물의 몸은 세포라는 작은 기본 단위로 이루어져 있어요. 세포는 너무 작아서 맨눈으로는 보이지 않아요. 현미경으로 들여다보면, 모든 세포의 중심에는 세포핵이 있어요. 그런데 세포핵에는 그 생물의 설계도가 유전자라는 암호의 형태로 들어 있어요. 우리는 유전자를 부모에게서 물려받아요. 유전자는 눈 색깔에서부터 키에 이르기까지 많은 신체적 특징을 결정해요.

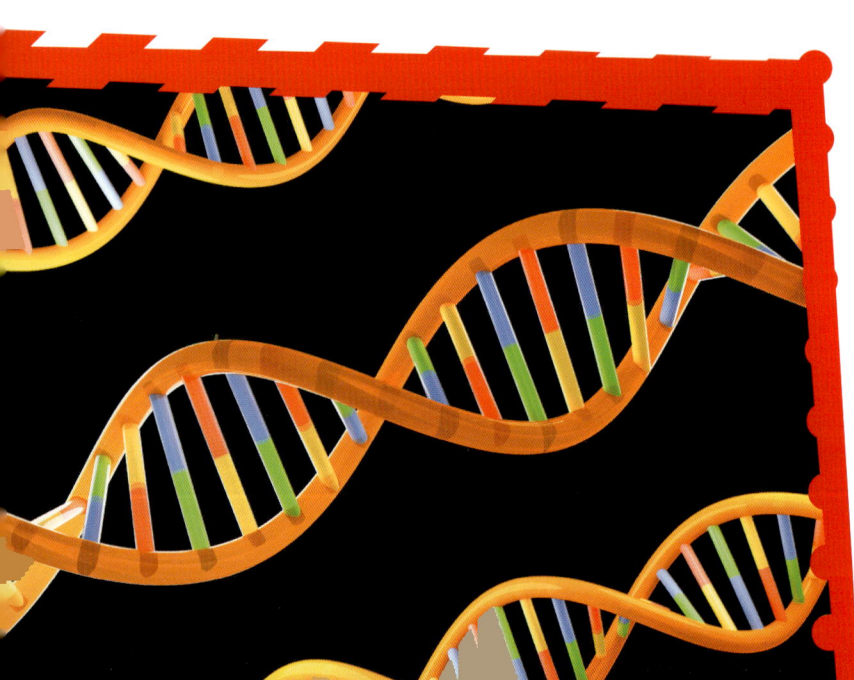

◀ DNA 분자는 꼬인 사다리처럼 생겼어요. 이런 모양을 이중 나선 구조라고 해요.

DNA를 조사하면 두 사람이 혈연 관계인지 아닌지 알아낼 수 있어요. 일란성 쌍둥이인 이 두 사람의 DNA는 완전히 똑같아요.

디옥시리보핵산의 준말인 DNA는 유전 암호를 담고 있는 화학 물질이에요. 유전자가 정확하게 똑같은 사람은 일란성 쌍둥이밖에 없어요. 따라서 DNA는 사람을 확인하는 증거로 쓸 수 있어요. 같은 가족끼리는 DNA가 서로 비슷해요. 그래서 DNA를 분석하면 두 사람이 한 가족인지 아닌지도 알 수 있어요.

DNA 증거를 채취할 수 있는 곳

DNA는 머리카락이나 혈흔, 피부 세포 같은 생물학적 증거에서 채취할 수 있어요. 최근에 과학자들은 이전에는 불가능하다고 여겼던 아주 작은 시료에서도 DNA 지문을 얻을 수 있는 방법을 발견했는데, 이것을 LCN DNA 분석법이라 불러요. 그렇지만 이 방법으로 얻은 결과가 항상 정확하다는 보장은 없어요.

사건파일 X-FILE

DNA로 찾은 범인

1999년 8월, 버지니아 대학 기숙사에서 두 학생이 잠자고 있을 때, 괴한이 침입하여 총으로 그들을 위협하고 물건을 훔쳐 갔어요. 범행 현장에 남은 맥주 캔에 묻은 침에서 DNA를 채취했지만, 경찰이 생각한 용의자들의 DNA와 일치하지 않았어요. 그러다가 1999년 10월에 경찰의 DNA 데이터베이스에서 한 범죄자의 DNA가 일치한다는 사실이 발견되었어요. 그는 이 DNA 증거 때문에 체포되어 재판을 받았어요.

범죄자의 DNA 분석 과정

범죄가 발생하자, 경찰이 용의자를 붙잡아 그의 입에서 침 시료를 채취했어요. 이제 과학 수사 연구소에서 침 시료로 DNA를 분석할 거예요. DNA 분석 과정은 다음과 같아요.

1_ 범행 현장 수사관이 범행 현장에서 범인이 남긴 증거를 발견했어요. 거기에 범인의 DNA가 남아 있을지도 모르기 때문에, 증거를 사진으로 찍습니다. 그리고 시료를 용기에 넣어 밀봉한 뒤 이름표를 붙이고, 어디서 발견했는지도 기록해요.

2_ 시료를 과학 수사 연구소로 보냅니다. 시료는 차가운 상태로 보관해야 하고, 직사광선을 피해야 해요. 온도가 높으면 DNA가 손상되거나 파괴될 수 있거든요.

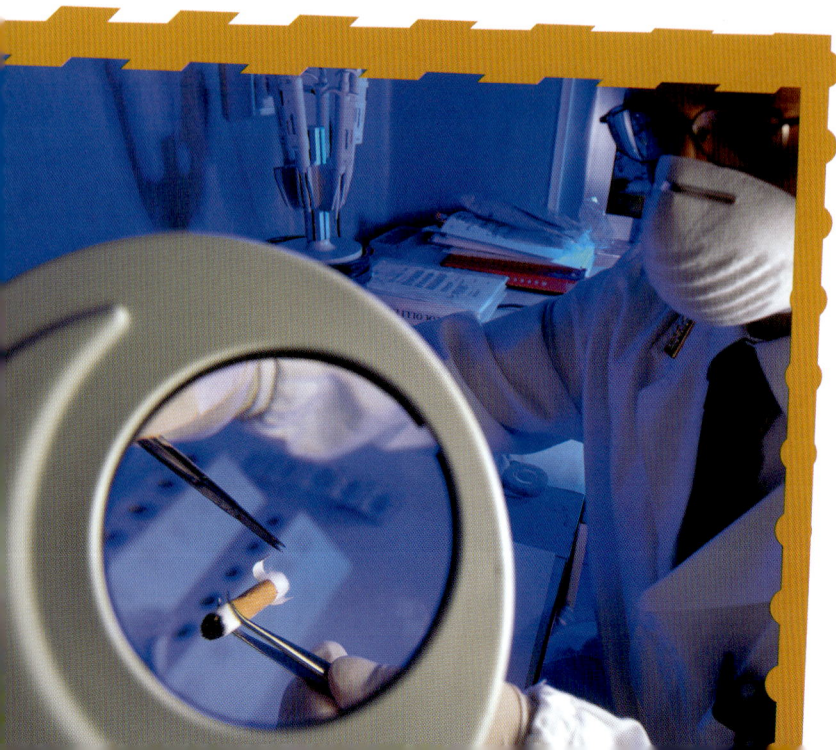

담배꽁초에 묻은 침에서 DNA 지문을 얻을 수 있어요.

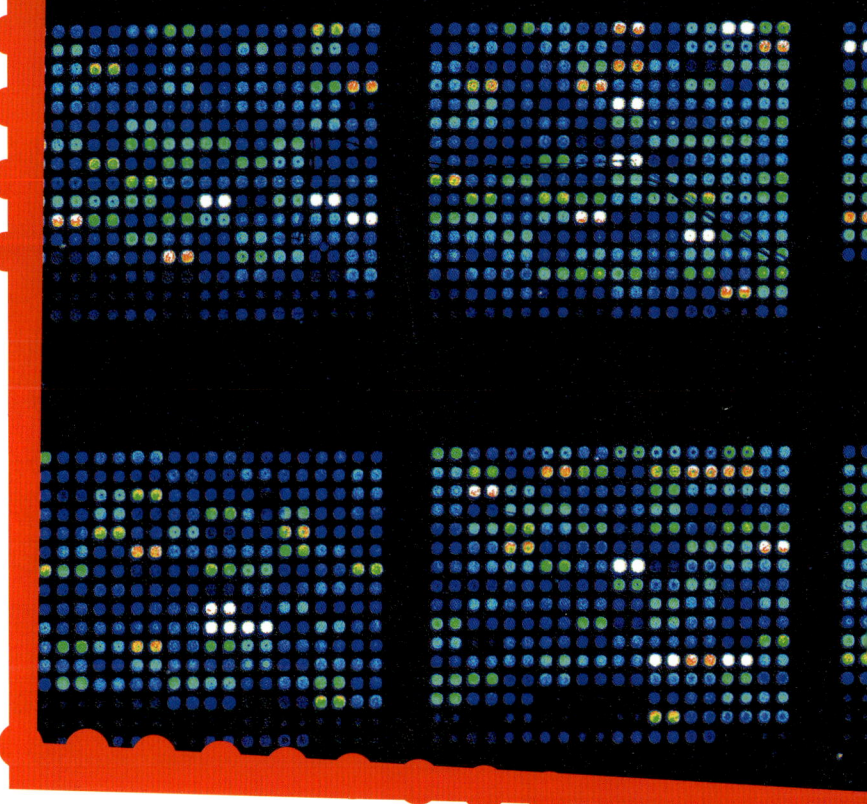

범죄자나 용의자의 DNA 지문은 컴퓨터 데이터베이스에 보관합니다. 과학 수사관들은 범행 현장에서 범인의 DNA가 발견되면, 이 데이터베이스에 있는 것과 일치하는 것이 있는지 확인해요.

3_ 과학 수사 연구소에서 과학자들은 시료에서 DNA를 추출합니다. DNA의 양을 측정하고 기록해요.

4_ 그리고 나서 순수한 DNA 시료를 분석합니다. 겔 전기영동이란 방법을 사용해 DNA를 바코드처럼 일련의 줄무늬로 이루어진 기둥 모양으로 분리해요. 이것을 DNA 지문 또는 DNA 프로필이라 불러요.

5_ 범행 현장에서 발견된 DNA 지문을 용의자의 DNA 지문과 대조합니다.

6_ 두 DNA 지문이 일치하면, 용의자가 범행 현장에 있었다는 증거가 됩니다.

7_ 만약 용의자를 찾아내지 못했거나 범행 현장의 DNA 지문이 용의자의 DNA 지문과 일치하지 않는다면, 경찰의 DNA 데이터베이스에 그것과 일치하는 것이 없는지 찾아봅니다. 일치하는 것이 있으면, 그 사람이 범행 현장에 있었다는 증거가 되어요.

시체에 남은 증거를 찾는 부검

시체가 발견되면, 그 사람이 어떻게 죽었는지 알아내야 해요. 병이나 사고로 죽었을까요, 아니면 살인이나 자살일까요? 시체에는 이러한 질문에 답을 줄 수 있는 단서가 많이 남아 있어요. 시체를 조사하는 일은 특별한 훈련을 받은 병리학자가 담당해요. 이렇게 시체를 조사하는 것을 검시 또는 부검이라고 해요.

40

시체에는 많은 단서가 남아 있어요. 시체는 중요한 단서를 보존하기 위해 차가운 시체 보관소에 보관해요.

멈춘 신체 기능

대부분의 신체 기능은 사망한 뒤에 멈추어요. 예를 들어 강에서 건져 낸 시체가 있다고 해요. 호흡은 사망한 뒤에는 멈추기 때문에, 폐에 물이 가득 차 있다면 그 사람은 물에 빠져 익사했다는 걸 알 수 있어요. 만약 폐에 물이 차 있지 않다면, 죽은 뒤에 시체가 물 속에 빠진 것이므로, 살해되었을 가능성이 높아요.

머리뼈에 구멍이 뚫리거나 심한 상처를 입은 흔적이 있다면, 그 사람은 머리에 입은 부상으로 사망했을 가능성이 높아요.

부검에서 알 수 있는 것들

법의학자는 부검을 통해 사망 시각과 사망 원인을 알아낼 수 있어요. 그 밖에 살인에 사용된 무기의 종류라든가 사망자가 술을 마셨는지 여부 등 다른 정보들도 얻을 수 있어요. 또, 사망한 뒤에 시체가 다른 장소로 옮겨졌는지도 알 수 있어요.

부검을 실시하는 단계

부검을 실시하는 각 단계마다 사진을 찍어 기록으로 남겨요. 이것은 증거로 쓰일 수도 있어요. 처음에는 시체의 외관을 살피며 단서를 찾아요. 피부에 멍이나 타박상 같은 흔적이 남아 있을 수도 있어요. 사망자가 살인자에게 강하게 저항했다면, 손톱 밑에 살인자의 피부 조각이 있을 거예요. 그리고 신원을 확인하기 위해 치아를 치과 진료 기록과 대조합니다.

그 다음에는 내부 기관들을 끄집어 내 무게를 달고, 상처를 입은 부위를 살펴요. 그리고 혈액 시료를 채취해 과학 수사 연구소로 보냅니다. 혈액 검사에서는 약물이나 독, 그 밖의 화학 물질이 사망 원인이 되었는지 알아냅니다. 필요하면 세균 감염이나 질병 등을 알아보는 검사도 실시합니다.

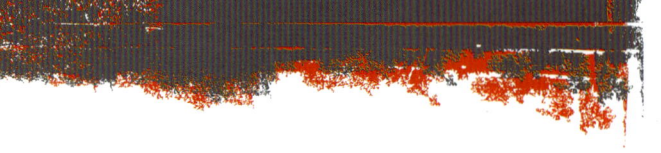

현장정보 INFORMATION

뼈가 말해 주는 것

아래 표에는 뼈를 조사해 그 답을 알 수 있는 질문 몇 가지가 실려 있어요.

질문	단서가 되는 뼈	어떤 사실을 알 수 있나요?
사망 당시의 나이는?	머리뼈	나이가 많은 사람일수록 머리뼈(두개골)가 더 치밀해요. 나이가 어린 아이들은 머리뼈를 이루는 뼈들이 서로 완전히 들러붙지 않았어요.
남자일까 여자일까?	머리뼈와 골반	남자는 눈썹 부분에 튀어나온 뼈(안와상 융기)와 턱뼈와 눈구멍이 더 두드러지게 발달해 있어요. 반면에 여자는 골반이 같은 몸 크기의 남자보다 넓어요.
키는?	넓적다리뼈	넓적다리뼈의 길이는 성인 키의 4분의 1쯤 되어요.
몸무게는?	전체 골격	몸무게가 무거울수록 뼈가 닳은 흔적이 더 많아요.
오른손잡이일까 왼손잡이일까?	팔뼈와 어깨뼈	더 많이 쓰는 쪽의 뼈에 더 튼튼한 근육이 붙어요.
직업은?	전체 골격	직업과 관련된 변화나 손상을 살펴보아요. 예를 들면, 트럼펫 연주자는 치아가 많이 변형돼 있을 거예요.
인종?	코 모양	코 모양은 인종에 따라 차이가 나요.
폭행을 당해 사망했을까?	전체 골격	부상이나 저항의 흔적을 살펴보아요. 예를 들면, 머리뼈 손상, 부러진 뼈, 총알에 맞은 흔적 등을 찾아봅니다.

과거의 모습 복원 작업

사망 뒤 시간이 한참이 지난 시체가 발견되면, 정상적인 부검을 할 수가 없어요. 시체가 너무 심하게 부패하거나 때로는 해골만 남아 있는 경우도 있어요. 이러한 시체를 담당하는 전문가는 법의인류학자예요. 법의인류학자는 이런 시체를 가지고도 죽은 사람에 대한 정보를 많이

먼 옛날에 죽은 사람의 얼굴 복원

투탕카멘은 기원전 1334년부터 기원전 1325년까지 고대 이집트를 통치한 파라오예요. 그는 18세 때 죽었는데, 다른 파라오와 마찬가지로 시체가 미라로 보존돼 무덤 속에 묻혔어요.

그로부터 3000년이 더 지났을 때, 영국의 하워드 카터라는 고고학자가 왕들의 계곡에 숨겨져 있던 투탕카멘의 무덤을 발견했어요. 무덤으로 들어가 보았더니, 투탕카멘의 미라는 얼굴이 아름다운 황금 가면으로 덮여 있었어요. 그렇지만 투탕카멘의 실제 얼굴 모습이 어떻게 생겼는지는 아무도 몰랐어요.

2007년, 프랑스, 이집트, 미국의 법의학 미술가 팀은 머리뼈를 자세히 촬영한 사진을 이용해 투탕카멘의 얼굴을 복원해 보기로 했어요. 이렇게 해서 만들어진 얼굴 모형은 투탕카멘이 둥근 뺨과 늘어진 코, 넓적한 턱을 가졌음을 보여 주었어요. 마침내 우리는 투탕카멘이 어떻게 생겼는지 알게 되었어요.

알아낼 수 있어요. 또, 법의학 미술가는 죽은 사람의 얼굴을 복원할 수 있어요.

때로는 소석고로 머리뼈 모형을 만들고, 거기다가 코처럼 중요한 지점에 플라스틱 조각을 붙여요. 그리고 그 사이의 틈을 점토로 메워요. 얼굴을 복원하는 또 한 가지 방법은 컴퓨터 프로그램을 이용하는 거예요. 머리뼈를 다양하게 측정한 자료를 컴퓨터에 입력하면, 프로그램이 대략적인 얼굴 모양을 만들어 내지요.

법의학 미술가는 인체 해부학 지식을 활용해 머리뼈를 가지고 얼굴을 복원해요.

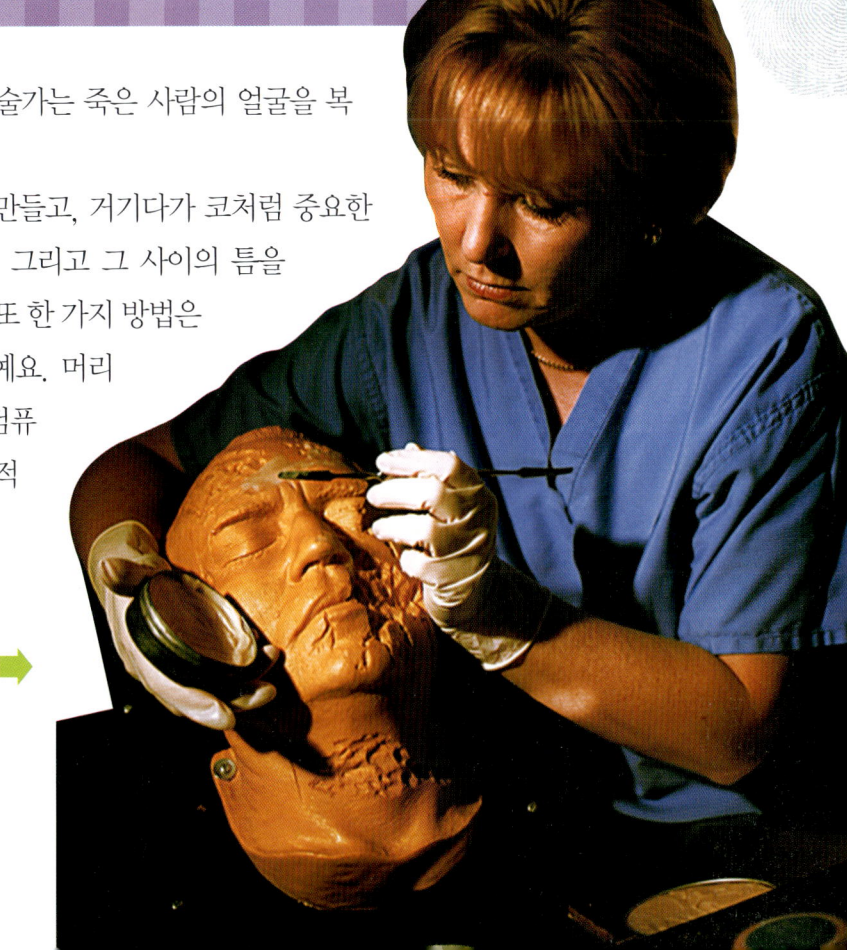

곤충이 알려 주는 단서

사람이 죽으면 시체가 부패하기 시작해요. 시체가 차가운 장소에 있으면 부패 과정이 느리게 일어나지만, 따뜻한 장소에 있으면 빨리 일어납니다. 시체가 부패하면 곤충들이 시체를 뜯어 먹거나 알을 낳으려 와요. 시체에 붙어 있는 곤충들을 조사하면 사망 시각을 추정할 수 있어요. 시체에 붙어 있는 곤충을 전문적으로 연구하는 사람을 법의곤충학자라고 해요.

44

단서가 되는 곤충의 종류

시체에 모여드는 곤충의 종류는 기후와 지방에 따라 달라요. 맨 먼저 도착하는 곤충은 대개 파리예요. 파리도 집파리, 검정파리, 꼭지파리 등 여러 종류가 있어요. 파리는 시체에 알을 낳는데, 알에서 깨어난 구더기는 시체를 뜯어먹고 자랍니다. 파리의 한살이는 종류별로 자세히 연구되어 있어요. 법의곤충학자는 각 종류의 구더기가 자라는 데 시간이 얼마나 걸리는지 정확하게 알아요. 또, 얼마나 많은 세

◀ 곤충은 사망 시각을 추정하는 데 단서를 제공해요.

대의 구더기와 파리가 시체에 붙어살았는지도 알아낼 수 있어요. 그리고 이것을 바탕으로 사망 시각을 추정할 수 있어요.

딱정벌레는 조금 나중에 도착해요. 대부분의 딱정벌레는 시체에 알을 낳는데, 알에서 깨어난 애벌레가 시체를 뜯어먹으면서 자랍니다. 암검은수시렁이라는 딱정벌레는 더 나중에 도착해 마른 피부와 뼈와 머리카락을 먹어요.

진드기는 어떤 단계에서도 나타날 수 있으며, 마른 피부를 먹어요. 일부 진드기는 딱정벌레의 몸에 들러붙어 딱정벌레와 함께 도착해요. 나방은 맨 나중에 나타나는 곤충인데, 털과 머리카락을 먹으면서 마지막 부패 단계를 도와요.

그런데 법의학자의 일을 방해하는 곤충도 있어요. 시체를 뜯어먹는 대신에 곤충의 알과 구더기를 먹는 곤충도 있거든요. 이런 곤충들은 사망 시각을 추정하는 걸 어렵게 해요. 구더기를 먹어치우면, 파리 세대들을 추정할 단서가 사라지고 말지요.

파리가 시체에 알을 낳으면, 알에서 깨어난 구더기가 썩어 가는 살을 먹으면서 자랍니다.

사 건 파 일 X - F I L E

검정파리의 증거

1961년 6월, 영국 리드니에서 한 소녀의 시체가 발견되었어요. 경찰은 시체의 부패 정도로 보아 소녀가 6~8주일 전에 죽었다고 추정했어요. 그런데 그 후에 소녀가 살아 있는 모습을 보았다는 목격자가 여럿 나타나자 경찰은 당황했어요. 이때, 법의곤충학자인 키스 심프슨은 검정파리 구더기를 조사하여 구더기가 생긴 지 9~12일밖에 지나지 않았다고 알려 주었어요. 경찰은 이 정보를 바탕으로 사망 시각을 제대로 추정한 뒤에 범인을 잡을 수 있었어요. 검정파리가 살인범을 잡는 데 큰 도움을 준 것이지요.

현장에 남겨진 화학적 증거

범행 현장에서 발견된 가루는 불법 마약일까요? 화재는 휘발유를 카펫에 뿌린 뒤에 불을 질러 일어난 것일까요? 범행 현장에서 발견된 화학 물질은 피해자와 범인, 범행 방법 등을 알려 주는 단서가 되어요.

46

독극물을 연구하는 법의독물학자

화학 물질, 그 중에서도 특히 독극물을 연구하는 전문가를 독물학자라고 해요. 법의독물학자는 범행 현장에서 발견된 화학 물질의 종류와 농도를 알아내고, 사람에게 미치는 효과를 분석해요. 또, 소변과 혈액 시료를 분석해 피해자가 약물이나 독극물을 섭취했는지 알아냅니다.

먼저 간단한 실험을 통해 시료에 들어 있는 화학 물질의 범위를 좁혀요. 그리고 나서 화학 물질의 종류와 양을 정확하게 알아내기 위해 더 자세한 실험을 하지요. 대부분의 시료는 서로 다른 두 가지 방법으로 실험을 해요.

◀ 경찰은 범행 현장에 남아 있는 화학 물질들이 어떤 것인지 알아낼 필요가 있어요. 여기에는 법의독물학자가 큰 도움을 주어요.

법의독물학자는 처방약에서부터 불법 마약에 이르기까지 다양한 약물을 섭취했는지 시체를 검사해요.

머리카락에 남은 증거

머리카락에는 그 사람이 장기간 섭취하거나 다량 섭취한 약물이나 다른 물질의 흔적이 남아 있어요. 머리카락은 한 달에 약 1.25cm씩 자랍니다. 한 개의 머리카락에서 길이에 따라 각각 다른 부분들을 분석하면, 어떤 물질이 언제 섭취된 것인지 알 수 있어요.

이렇게 하는 것은 두 가지 실험 결과가 똑같은 것으로 나오면, 그 결과를 더 믿을 수 있기 때문이에요. 그러면 그 물질이 실제로 시료에 들어 있는 게 맞고, 실험상의 실수로 나온 결과가 아니라는 걸 알 수 있지요.

화학 물질로 찾는 살인자

중독이 의심되면, 시체 중 필요한 부분을 떼어 내 검사해요. 살인 사건의 경우에는 설사 중독이 의심되지 않더라도, 부검을 할 때 필요한 시료를 채취해 중독 여부를 검사하는 게 보통이에요. 과학 수사 연구소에서는 시료에서 독성 물질을 추출해 어떤 것인지 밝혀냅니다. 서로 다른 화학 물질들을 분리하고 정체를 알아내는 데에는 질량 분석법이나 크로마토그래피 같은 기술들이 쓰여요. 시료에서 독성 물질이 발견되면, 경찰은 곧 살인자를 찾아 나서지요.

독극물이 든 타이레놀

1982년 9월, 메리 켈러만은 타이레놀 캡슐을 복용한 뒤, 고통스러워하다가 죽고 말았어요. 그 다음 며칠 사이에 역시 타이레놀을 복용한 사람 6명이 더 사망했어요. 타이레놀 캡슐을 분석한 독물학자들은 누군가 캡슐에 흔히 청산가리라고 부르는 시안화칼륨이란 독극물을 넣었다는 사실을 발견했어요. 타이레놀을 판매하는 제약 회사는 즉각 전국의 모든 매장에서 타이레놀을 수거했어요. 독물학자들의 신속한 대응 덕분에 더 이상 피해자는 나오지 않았어요. 그러나 독극물을 넣은 범인은 찾아내지 못했어요.

범죄 현장의 해결사, 과학 수사관

과학 수사관과 법의학자로 살아가는 삶은 어떤 것일까요? 이들이 하는 일은 아주 다양하지만, 다음 두 가지만큼은 확실해요. 날마다 하는 일이 다르고, 과학 수사 연구소에서는 다음에 또 무슨 일이 일어날지 아무도 모른다는 것이지요.

범행 현장 조사관

범행 현장 조사관(CSI)은 범행 현장에서 과학 수사 연구소의 전문가들이 분석할 단서를 수집하는 일을 해요(대한민국에서는 경찰 감식반이 이 일을 해요). 범행 현장 조사관은 오랜 시간 일해야 하고, 때로는 끔찍한 범행 장소에서 일해야 해요. 피를 보는 걸 싫어한다면, 이 일은 여러분의 적성에 맞지 않아요! 대개 처음에는 경찰관으로 일을 시작했다가 전문 교육을 받고 나서 범행 현장 조사관이 되어요. 필요한 자격 요건은 지역에 따라 달라요. 많은 사람이 대학을 졸업했지만, 대학 졸업이 필수적인 것은 아니에요.

법의병리학자

법의병리학자는 부검을 하도록 특별한 훈련을 받은 의사예요. 법의병리학자가 되려면 몇 년간에 걸친 공부와 훌륭한 기술이 필요해요. 법의병리학자는 법의학 분야 전체에서 아주 중요한 역할을 해요.

법의학자

법의학자로 일하려면, 기본적으로 갖추어야 할 자질이 몇 가지 있어요. 그 중에는 다음과 같은 것들이 포함되어요.

- 수준 높은 과학 실험을 믿을 만하게 해내면서 일을 정확하게 처리하는 능력
- 체계적이고 논리적으로 일을 처리하는 능력
- 수학과 컴퓨터 실력. 그래야 데이터를 분석하고, 보고서를 잘 쓸 수 있어요.
- 몇 가지 기초 과학 분야에 대한 지식

여러분이 이 모든 자질을 갖추고 있다면, 과학 수사 연구소에서 일해 보는 걸 생각해 봐도 돼요. 여러 대학에는 법의학과나 수사과학과가 있어요. 자격 요건은 분야에 따라 다르지만, 대부분은 과학 학위가 있으면 유리해요.

법의학의 여러 분야

법의학 안에도 인류학, 병리학, 독물학, 혈청학, 곤충학 등 여러 전문 분야가 있어요. 일부 전문가는 해당 분야를 전공한 뒤에 그 지식을 법의학에 적용할 수 있는 훈련을 추가로 받아요. 때로는 경험 많은 전문가를 따라다니며 일을 배우기도 해요. 예를 들어 법의병리학자는 처음에는 의사가 되는 과정을 밟아 의사로 일해요. 그렇게 경험을 다년간 쌓은 뒤에 법의병리학자가 되는 훈련을 추가로 받지요.

법의학자는 실험실에서 실험을 하는 일이 많기 때문에, 과학을 전공하면 큰 도움이 되어요.

2

과학으로 증명하는 사건의 진실

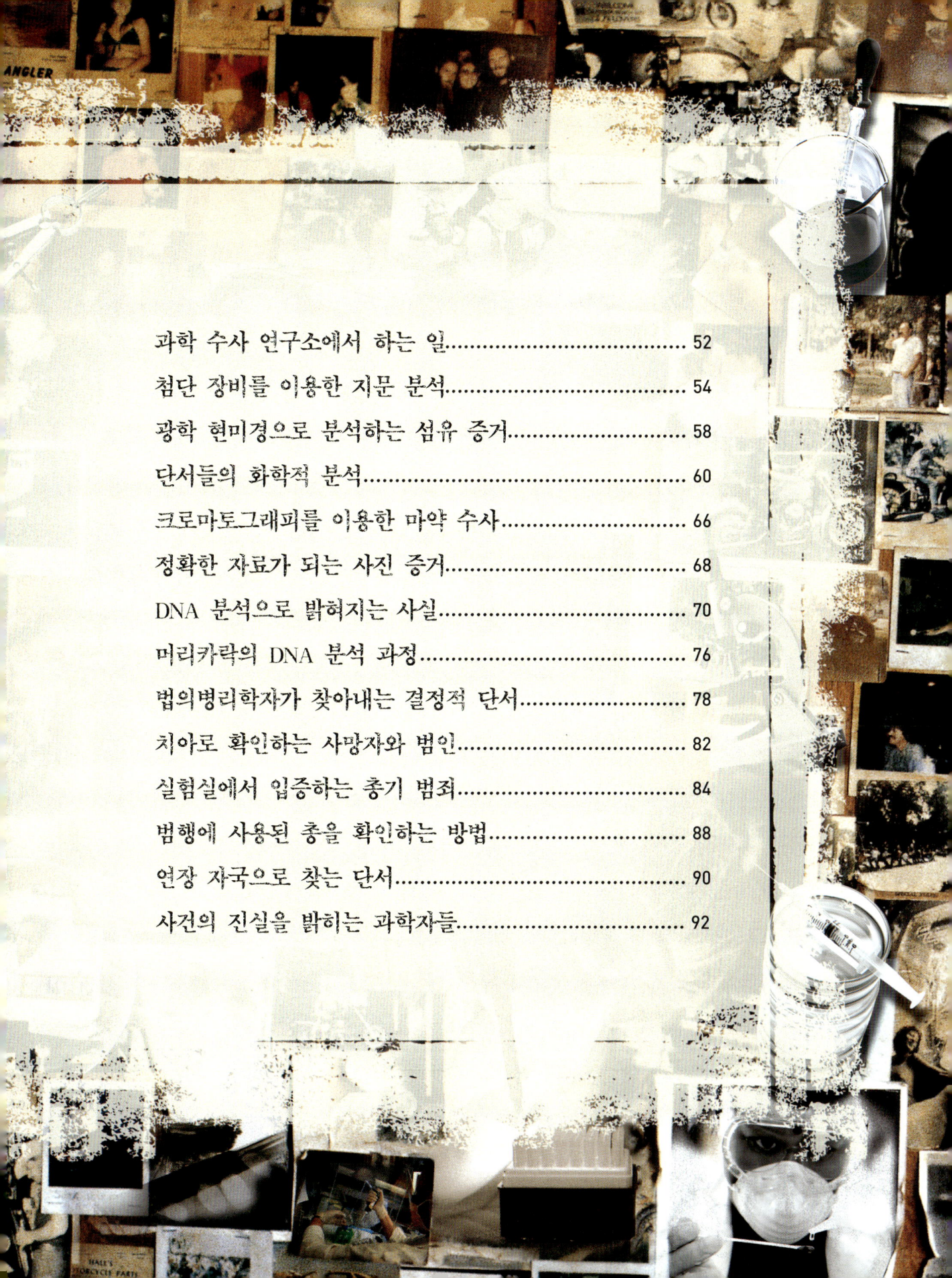

과학 수사 연구소에서 하는 일

과학 수사 연구소 안으로 들어가면 무엇을 볼 수 있을까요? 이곳의 과학 실험실이라고 하면 화학 물질 분석이나 식물학 같은 특정 분야의 과학 연구만 집중적으로 하는 장소가 떠오를 거예요. 각 실험실에 있는 장비들도 그 분야의 일에만 꼭 필요한 것들이에요. 그렇지만 과학 수사 연구소의 실험실 모습은 좀 달라요. 다양한 종류의 증거들을 분석해야 하기 때문에, 광범위한 과학 실험을 할 수 있는 장비들이 다 갖춰져 있어요.

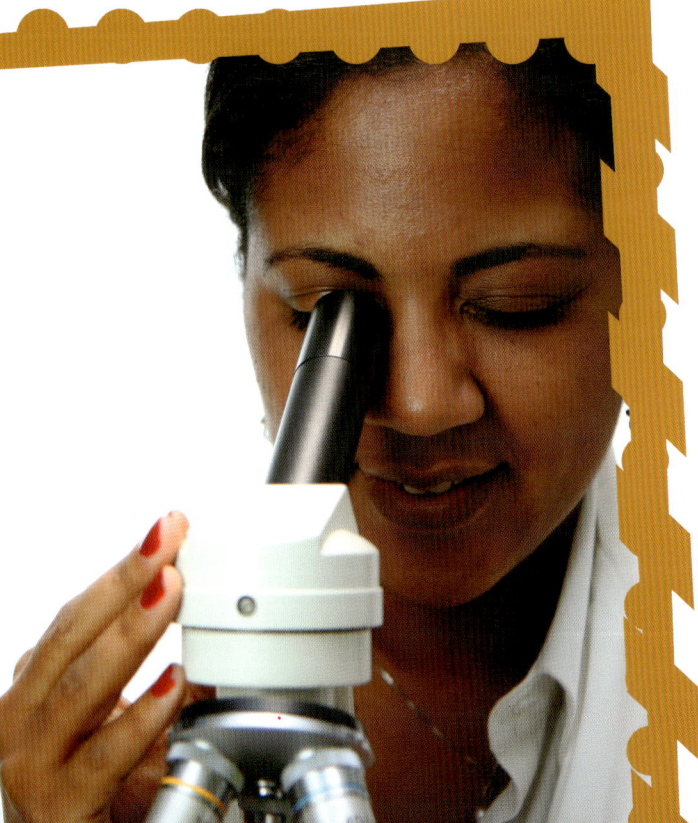

실험실에서 분석하는 증거들은 다음과 같은 것들이 있어요.

- 흙 시료
- 신체 조직과 체액
- 가루, 알약, 액체
- 섬유
- 폭발물 잔여물
- 지문, 잇자국, 타이어 자국
- 총기와 연장 자국

이런 증거들을 자세하게 조사하고 분석하면, 범행 방식과 범인, 피해자에 관한 정보를 알아낼 수 있어요.

◀ 실험실 과학자는 고배율 현미경을 사용해 물질을 자세히 관찰해요.

과학 수사 연구소 실험실에는 범행 현장에서 발견된 증거를 분석하는 장비들과 도구들이 가득 차 있어요.

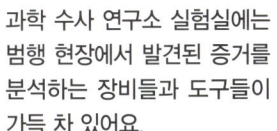

과학 수사 연구소의 장비들

실험에 사용하는 장비는 증거의 종류에 따라 달라요. 섬유의 구조를 살펴볼 때에는 고배율 현미경을 사용해요. 시료의 성분을 분석하는 데에는 특수 장비가 필요할 때도 있어요. 지문을 국내외 데이터베이스에 저장된 지문과 대조할 때에는 컴퓨터를 사용해요. 또, 혈흔을 찾을 때에는 특별한 광원을 사용하기도 해요.

과학 수사 연구소 실험실에서 하는 많은 실험은 특수한 화학 물질을 사용해요. 모든 화학 물질에는 라벨이 붙어 있고, 가끔 위험을 경고하는 문구도 적혀 있어요. 사용할 가루 물질의 양을 정확히 재려면 저울이 필요해요.

조심히 다뤄지는 증거

실험실 과학자들은 증거를 잃거나 훼손하거나 오염시키지 않도록 조심해야 해요. 예를 들어 자신의 머리카락이 시료로 수집한 머리카락과 섞이지 않도록 조심해야 해요. 이런 일을 방지하기 위해 실험실에서는 보호복과 고무장갑, 그리고 때로는 고글을 착용해요.

대부분의 과학 수사 연구소 실험실에는 다양한 물질과 장비가 갖추어져 있어요. 그리고 여러 가지 실험이 동시에 일어나면서 아주 바쁘게 돌아갈 때가 많아요.

첨단 장비를 이용한 지문 분석

지문은 손가락을 단단한 물체에 대고 누를 때 그 표면에 남는 자국이에요. 우리의 손가락 피부에는 융선이라고 부르는 선들이 많이 있어요. 이 선들이 만들어 내는 독특한 형태가 지문인데, 지문은 사람마다 제각각 달라요. 아직까지 지문이 똑같은 사람은 발견된 적이 없어요.

54

지문의 역사

지문은 수백 년 전부터 사용돼 왔어요. 중국에서는 1000년도 더 전에 일부 문서에 서명 대신 지문을 사용했어요. 서양 사람들은 19세기 말부터 지문에 주목하기 시작했는데, 1892년에 영국의 프랜시스 골턴은 지문을 분석하는 방법을 발표했어요.

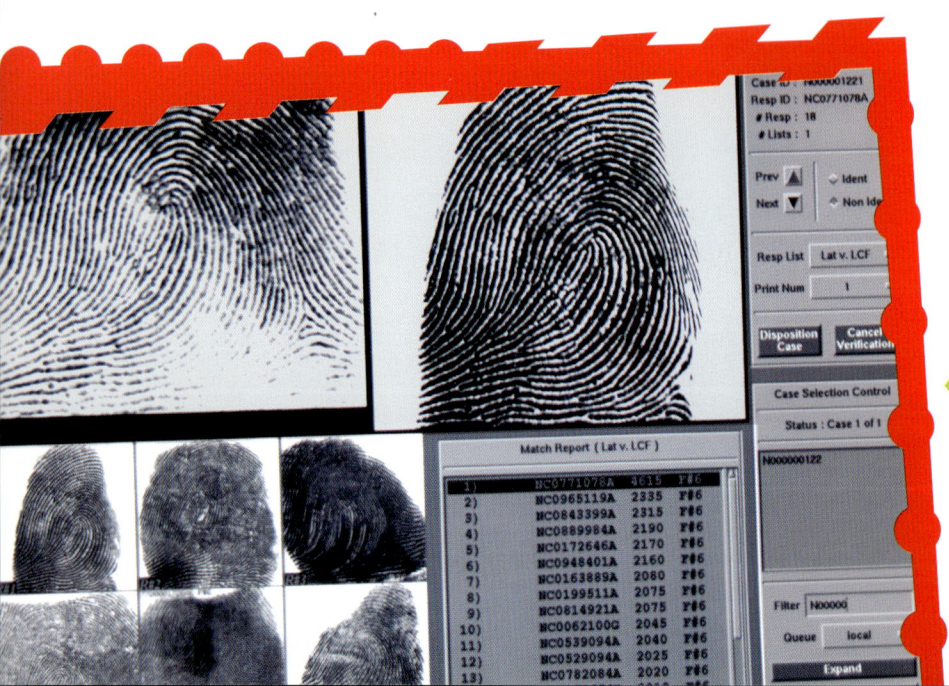

경찰은 컴퓨터를 이용해 범행 현장에서 발견된 지문을 데이터베이스에 저장된 범죄자의 지문과 대조해요.

골턴은 이 방법을 범죄 수사에 활용하면 좋을 것이라고 제안했어요. 5년 뒤에 영국 식민지이던 인도에서 헨리식 지문 분류법을 도입했어요. 이 이름은 그 계획을 지휘한 에드워드 리처드 헨리의 이름을 딴 것이에요.

1901년, 영국의 런던 경찰청이 지문국을 설치했고, 5년 뒤 뉴욕 시 경찰청도 범인을 확인하는 데 지문을 사용하기 시작했어요.

지문으로 밝혀낸 사건

아르헨티나의 후안 부세티크라는 경찰관이 1892년에 범인을 확인하는 데 최초로 지문을 사용했어요. 프란세스카 로하스라는 여자가 어린 두 아들을 죽이고 나서 자신의 목을 칼로 찌르고는, 벨라스케스라는 남자가 범인이라고 주장했어요. 그런데 그 집 문틀에서 피 묻은 지문을 발견한 경찰관이 그 부분을 잘라 부세티크에게 갖다 주었어요. 부세티크가 그 지문을 채취해 프란세스카 로하스의 지문과 대조해 보았더니 서로 일치했어요. 이 증거를 들이대며 추궁하자, 로하스는 순순히 범행을 자백했어요.

남겨진 모양에 따른 지문 분류

지문은 남은 자국의 형태에 따라 크게 세 종류로 나누어요.

현재 지문은 끈적끈적한 것을 만진 손으로 다른 표면을 만질 때 생기는 지문이에요. 현재 지문은 눈에 잘 띄고, 사진으로 찍기도 쉬워요.

잠재 지문은 손가락에서 나온 기름이나 땀이 표면에 묻어 생긴 지문을 말해요. 잠재 지문은 맨눈으로는 잘 보이지 않지만, 특별한 가루나 화학 물질을 표면에 뿌려 주면 나타납니다.

인상 지문은 비누나 밀랍처럼 물렁물렁한 물체를 만질 때 그 표면이 눌려서 생겨요. 인상 지문은 눈에 잘 띄므로 사진으로 찍을 수 있어요.

지문의 형태

지문의 기본 형태는 크게 고리형, 소용돌이형, 활형의 세 가지가 있어요.
고리형은 지문의 선들이 왼쪽에서 오른쪽으로 가로지르는 모양을 하고 있어요.
소용돌이형은 지문의 선들이 원형 또는 나선형을 이루고 있어요.
활형은 지문의 선들이 한쪽에서 시작하여 위로 올라갔다가 반대쪽으로 빠져나가는 모양을 하고 있어요.

56

이 선명한 지문에서 고리 모양과 활 모양을 볼 수 있어요.

쉽고 빨라진 지문 대조 시스템

초창기에는 용의자의 지문을 채취할 때, 각 손가락에다 잉크를 묻힌 뒤에 종이 위에 눌러 찍게 했어요. 그리고 일일이 눈으로 지문들을 대조했고, 자세한 부분을 살필 때에는 돋보기를 사용했지요. 그것은 시간이 많이 걸리고 무척 힘든 일이었어요.

그렇지만 지금은 컴퓨터 기술의 발전 덕분에 지문 채취와 대조 작업이 훨씬 쉽고 빨라졌어요. 지문 채취는 전자 판독기 위에 손가락을 올려놓기만 하면 돼요. 그러면 디지털 스캐너가 몇 초 만에 지문을 스캔하지요. 판독기에 기록된 그 정보는 컴퓨터에 저장되어요. 컴퓨터는 지문의 몇 가지 특징에 초점을 맞춰 지문 데이터베이스에 저장된 수백만 개의 지문 중에 비슷한 것이 있는지 찾아요.

최초의 전자 지문 대조 시스템은 1980년대에 일본에서 개발되었어요. 이것은 자동 지문 식별 시스템(AFIS)이라 불러요. 지금은 대부분의 나라가 자동 지문 식별 시스템을 갖추고 있어요. 이것들은 온라인으로 서로 연결되어 있어 전 세계의 지문 데이터베이스에 저장된 지문들을 금방 대조할 수 있어요.

지문 대조는 정확하게 일치해야만 증거로 쓸 수가 있어요. 실수를 최소화하기 위해 대부분의 나라는 지문 정보 이용에 관해 엄격한 규칙을 적용하고 있어요. 그것은 대개 두 지문 사이에 일치하는 특징의 개수로 표현해요.

현장체험

지문을 찾는 방법

손끝의 지문은 땀샘이 피부 표면으로 솟아나 있는 모양을 따라 생긴 선입니다. 지문 덕분에 우리는 손이 미끄러지지 않고 물체를 잘 잡을 수 있지요. 손가락에 묻어 있던 땀이 종이나 유리 같은 매끄러운 표면에 묻어 잠재 지문이 남는데, 이것은 맨눈으로는 쉽게 찾기가 어려워요. 지문을 찾기 위해 흔히 사용하는 방법은 영화에서 보는 것처럼 고운 가루를 뿌리는 것입니다. 범인의 땀에 섞여 나온 기름 성분에 고운 가루가 붙으면 지문이 선명하게 나타나지요.

57

지문 스캐너는 지문을 채취하고 대조하는 데 쓰여요.

광학 현미경으로 분석하는 섬유 증거

섬유는 가느다란 실 가닥이에요. 섬유는 도처에서 볼 수 있는데, 섬유로 만든 물체가 그만큼 많기 때문이지요. 섬유는 꼬아서 밧줄이나 끈, 바느질 실로 만들 수도 있고, 실을 짜서 만든 천으로 옷이나 시트, 카펫, 융단을 만들 수도 있어요.

증거가 되는 섬유

섬유는 범행 현장의 바닥과 가구 같은 곳에서 발견할 수 있어요. 피해자의 옷이나 몸에서 발견할 수도 있고, 용의자의 옷이나 자동차, 집에서 채취할 수도 있어요. 범행 현장에서 발견된 섬유가 용의자의 옷에 있는 섬유와 일치한다면, 용의자가 범행 현장에 있었다는 증거가 되어요.

현미경으로 분석한 섬유

그런데 맨눈으로 보는 것만으로는 두 섬유가 같은 것인지 알기 어려워요. 겉으로 볼 때에는 두 섬유의 색과 질감이 서로 비슷해 보일 수 있어요.

◀ 과학자는 먼저 확대경으로 섬유를 살펴보아요.

전자 현미경

과학 수사 연구소에서는 섬유를 분석할 때 가끔 전자 현미경이라는 최첨단 장비를 사용해요. 대부분의 현미경은 빛을 사용해 표본을 관찰하는데, 이런 현미경을 광학 현미경이라고 해요. 광학 현미경 중 배율이 높은 것은 1000배가 넘어요. 전자 현미경은 빛 대신에 전자라는 작은 입자를 사용하는데, 배율이 200만 배가 넘는 것도 있어요. 이렇게 크게 확대하면, 아주 미세한 부분도 자세히 볼 수 있어 섬유를 더 정확하게 분석할 수 있지요.

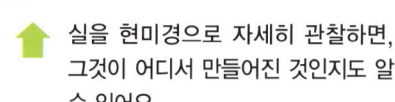

실을 현미경으로 자세히 관찰하면, 그것이 어디서 만들어진 것인지도 알 수 있어요.

59

그렇지만 현미경으로 보면 더 미세한 부분을 자세히 볼 수 있어요. 과학 수사 연구소의 과학자는 섬유의 형태와 크기, 겉모습 등을 조사하고, 염료와 섬유의 화학 성분도 분석해요.

섬유 중에는 양털 같은 천연 물질로 만든 것도 있고, 나일론 같은 합성 물질로 만든 것도 있어요. 오늘날에는 기술이 크게 발전하여 섬유의 종류뿐만 아니라, 그 원료 물질이 무엇이고, 그것이 어떤 천으로 만들어졌으며, 제조 회사가 어디인지까지 알아낼 수 있어요.

현장체험

섬유 증거 수집

집 안에서 사람들이 많이 들락거리는 방을 선택해 거기서 섬유들을 찾아보세요. 눈에 띄는 게 있으면, 접착테이프에 붙인 다음 종이에다 붙이세요. 얼마나 많은 종류의 섬유를 발견했나요? 그 섬유가 어디서 나온 것인지 알 수 있나요? 돋보기를 사용하면 섬유를 더 자세히 관찰할 수 있어요.

단서들의 화학적 분석

과학 수사 연구소에서는 범행 현장에서 수집한 시료 속에 어떤 화학 물질들이 들어 있는지도 분석해요. 분석하는 물질은 종류가 아주 다양한데, 그 중에는 다음과 같은 것들도 있어요.

- 혈액, 침, 오줌 같은 체액
- 신체 조직이나 기관
- 옷 같은 물질
- 액체, 알약, 가루

범행 현장 조사관이 과학 수사 연구소로 보낼 시료를 채취하고 있어요.

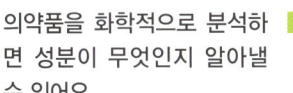
의약품을 화학적으로 분석하면 성분이 무엇인지 알아낼 수 있어요.

시료를 화학적으로 분석하면, 그 속에 알코올, 약, 염료, 독, 폭발물 같은 게 들어 있는지 알 수 있어요. 과학 수사 연구소의 많은 과학자는 한 분야만 집중적으로 연구해요. 예를 들어 독물학자는 생물학적 시료를 주로 분석하고, 야금학자는 금속을 분석해요.

시료 분석 과정

과학 수사 연구소에서는 시료를 어떻게 분석할까요? 분석 과정은 크게 두 단계로 이루어져요. 먼저, 시료 속에 들어 있는 모든 물질을 따로 분리하는 게 필요해요. 그린 다음, 분리된 각각의 물질을 가지고 실험을 해 그것이 무엇인지 알아내요. 실험실에는 이러한 실험들을 도와주는 첨단 장비들이 많이 있어요.

같은 방식으로 죽은 두 사람

1955년 3월 2일, 미국 조지아 주 코브 카운티에서 모리스 글렌 터너라는 경찰관이 갑자기 크게 고통스러워하다가 다음 날 죽고 말았어요. 의사들은 그가 심장병으로 사망했을 거라고 생각했어요. 그런데 터너가 들어 놓은 생명 보험을 아내인 린 터너가 타 갔어요. 그 후 2001년에 린 터너의 새 남편 랜디 톰프슨도 갑자기 사망했는데, 이번에도 린 터너가 보험금을 챙겼어요.

터너의 가족은 두 사람이 비슷한 방식으로 사망한 사실에 의심을 품었어요. 그래서 경찰에 수사를 의뢰했고, 경찰은 두 사람의 시체에서 시료를 채취해 분석해 보았어요. 분석 결과, 몸에서 부동액 성분인 에틸렌글리콜이 검출되었어요. 법의독물학자가 두 사람이 살해되었음을 입증하는 증거를 제시했고, 린 터너는 부동액으로 두 사람을 살해한 혐의로 체포되었어요.

크로마토그래피 분리 방법은
혼합물 속에 어떤 물질들이
들어 있는지 알아낼 때 사용
해요.

크로마토그래피를 이용한 분리 방법

시료를 분석하려면, 일단 그 속에 들어 있는 여러 가지 화학 물질들을 분리해야 해요. 이것은
대개 크로마토그래피를 사용해 분리해요.

얇은 막 크로마토그래피는 실리카 겔을 얇게 입힌 유리를 사용해요. 실리카 겔을 입힌 유리
한쪽 끝에 시료를 약간 묻힌 뒤, 그 유리를 액체가 담긴 용기 안에 세우는데, 액체의 높이는
시료가 묻은 부분보다 아래에 있어야 해요. 그러면 액체가 유리를 따라 천천히 올라가는데,
이때 시료 성분들도 녹아 함께 올라가요. 물질의 종류에 따라 이동하는 속도가 다르기 때문
에, 성분별로 분리가 일어납니다. 각각의 물질은 색이 없어서 보이지 않을 수도 있어요. 이럴
때에는 자외선을 비추거나 특별한 화학 물질을 뿌리면 볼 수 있어요.

기체 크로마토그래피는 시료를 클로로포름이나 메탄올 같은 용매에 녹여 수직 방향으로 세운 관 속으로 집어넣어요. 관 속은 매우 뜨겁기 때문에 액체가 금방 증발해요. 이때, 시료 속의 성분 물질들도 관을 따라 이동하는데, 이동 속도를 보고 어떤 물질인지 알 수 있어요.

얇은 막 크로마토그래피와 기체 크로마토그래피는 시료 속에 어떤 물질들이 들어 있는지 알아내는 데 도움을 주어요. 그 결과를 알려진 화학 물질의 결과와 비교해 일치하면, 바로 그 물질일 가능성이 높아요.

63

과거에는 과학 수사 연구소에서 사용한 크로마토그래피 장비가 크고 무거웠어요. 그렇지만 지금은 작고 가벼우면서도 성능이 더 좋은 장비가 개발되었어요. FBI를 비롯해 일부 정부 기관은 이러한 휴대용 장비를 사용하고 있어요. 그래서 범행 현장에서 발견된 시료를 과학 수사 연구소로 보낼 필요 없이 그 자리에서 바로 분석할 수 있게 되었어요.

분석할 시료는 무균 유리병 속에 넣어 보관해요. 시료를 오염되지 않게 하는 게 중요해요. 시료가 오염되면 분석에 영향을 주어 분석 결과가 쓸모없게 될 수도 있어요.

질량 분석기를 이용한 분석

크로마토그래피 방법만으로는 화학 물질의 정체를 정확하게 알 수 없는 경우가 있어요. 그러면 질량 분석기라는 장비를 사용해 추가 실험을 해요. 대개는 기체 크로마토그래피의 관을 통과한 물질을 곧바로 질량 분석기로 넣어 분석해요. 질량 분석기는 높은 에너지를 가진 전자들을 쏘아 화학 물질을 분해합니다. 화학 물질이 분해하는 방식은 종류에 따라 제각각 다르기 때문에, 그것을 보고 어떤 물질인지 알 수 있어요.

과학자들은 물질이 어떻게 분해되는지 화면으로 볼 수 있어요. 서로 다른 시료들이 분해되는 형태를 자세히 비교할 때에는 컴퓨터를 사용해요. 분해 형태와 비교 결과를 종이에 인쇄하여 영구적인 기록으로 남길 수 있어요.

64

현 장 정 보 INFORMATION

화약 잔여물로 찾는 범인

총에 맞아 사망한 사람이 생기면, 법의화학자는 적외선을 사용해 용의자의 손과 옷을 조사합니다. 적외선은 맨눈으로 볼 수 없지만, 보통 빛에서는 드러나지 않는 물질을 나타나게 할 수 있어요. 화약 잔여물도 적외선을 받으면 잘 드러납니다. 이렇게 해서 발견한 시료는 실험실로 가져가 자세히 분석해요. 총알에 남아 있는 화약 잔여물도 분석하여 두 가지가 일치한다면, 용의자가 그 총알을 발사했을 가능성이 높아요.

시료가 오염되지 않게

법의화학자는 오염의 위험을 막기 위해 대개 무균 실험실에서 증거물을 분석해요. 또, 증거물 보관 기록이라는 문서도 작성해 함께 보관합니다. 이 문서는 항상 증거물과 함께 따라다니며, 그것을 만진 사람은 모두 거기에 서명을 해야 해요. 증거물 보관 기록은 사람들이 증거물을 함부로 만지지 못하도록 함으로써 증거물의 신뢰도를 높여요.

과학자가 질량 분석기를 사용해 증거를 분석하고 있어요.

사 건 파 일 X-FILE

비행기 폭발의 범인은?

1955년 11월 1일, 미국 덴버에서 항공기가 공항을 이륙한 직후 공중 폭발하고 말았어요. 과학자들은 비행기와 화물, 승객의 소지품 수만 점을 자세히 분석했어요. 화약 잔여물을 분석한 결과, 폭발은 다이너마이트에서 일어난 것으로 보였어요. 비행기 폭발로 사망한 사람 중에 데이지 킹이라는 여자가 있었는데, 그녀는 길버트 그레이엄이라는 남자의 어머니였어요. FBI는 조사를 하다가 그레이엄의 집에서 폭발물을 만드는 장비를 발견했어요. 신문 끝에 그레이엄은 자신이 그 폭발물을 만들어 어머니의 짐 속에 넣었다고 자백했어요. 화약 잔여물 분석 결과가 범인을 체포하는 단서가 된 것이지요.

65

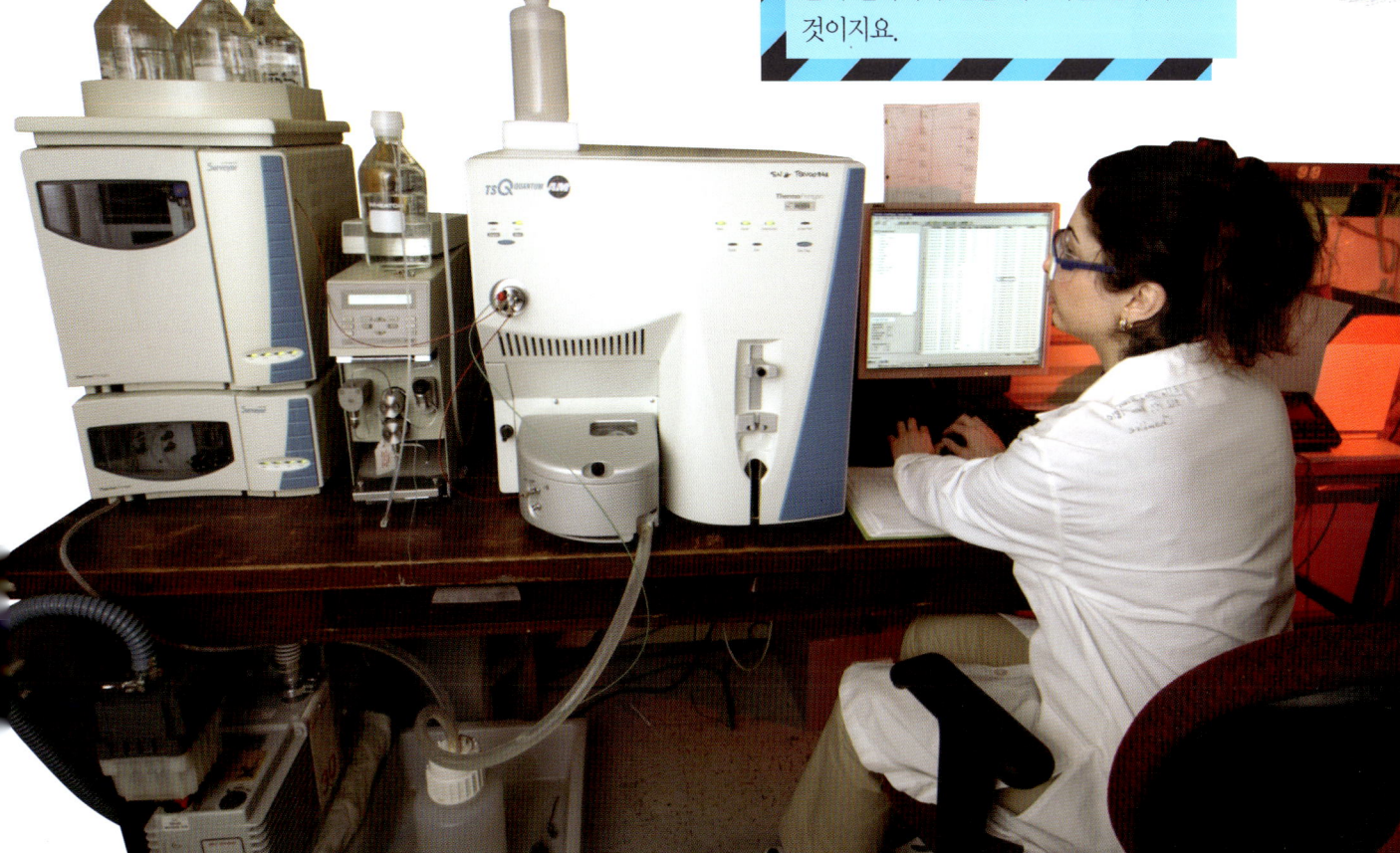

크로마토그래피를 이용한 마약 수사

2006년, FBI는 불법 마약 거래 사건을 수사하게 되었어요. 다른 수사 기관에서 마약이 든 것으로 의심되는 사탕을 보내 와 FBI는 그 성분을 자세히 분석하기로 했어요. FBI는 다음과 같은 단계들을 거쳐 그것을 분석했어요.

1_ 사탕을 탄산수소나트륨 용액에 녹였어요.

2_ 그 용액을 여과지에 통과시켰어요.

3_ 여과된 용액을 클로로포름과 섞은 뒤에 기체 크로마토그래피 장비의 관에 집어 넣었어요. 관 속에서 액체가 증발하면서 시료 속의 화학 물질들이 관을 따라 이동했어요.

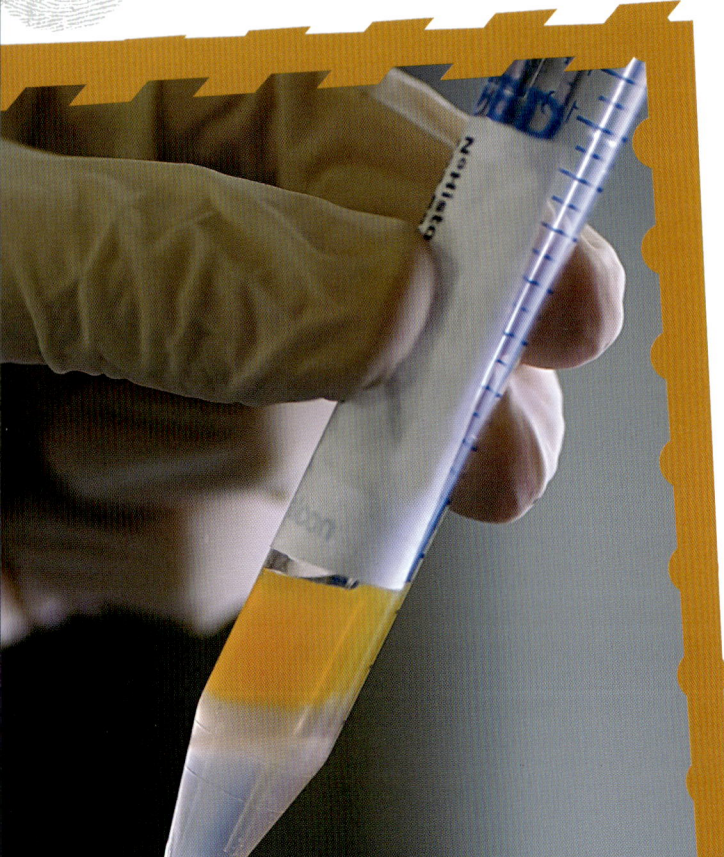

◀ 사탕을 탄산수소나트륨 용액과 섞어 쉽게 분석할 수 있는 용액으로 만들었어요.

사탕 용액 시료를 크로마토그 래피 장비의 관에다 천천히 집어넣어요.

4_ 화학 물질들은 종류에 따라 기체 크로마토그래피 장비의 관을 이동하는 속도가 달라요. 관 끝에 도착한 화학 물질들은 질량 분석기로 들어갔어요. 질량 분석기는 전자들을 분석 물질을 향해 발사해요.

5_ 전자들은 화학 물질을 분해합니다. 분해되는 형태가 화면에 나타납니다.

6_ 과학자는 물질이 분해되는 형태를 보고 알려진 물질의 분해 형태와 비교합니다.

7_ 성공이에요! 시료의 분해 형태는 메타콸론이라는 중독성 마약과 정확하게 일치했어요. 화학 물질 분석을 통해 사탕 속에 이 불법 마약 성분이 들어 있다는 게 증명되었어요.

정확한 자료가 되는 사진 증거

범행 현장을 처음 조사할 때 찍은 사진은 나중에 참고할 수 있는 정확한 자료가 되어요. 또, 범행 현장에 직접 가지 않은 수사관에게 범행 현장을 파악할 수 있게 해 주어요. 목격자 진술도 사진들과 대조해 사실인지 확인할 수 있어요.

제대로 된 현장 사진을 찍으려면

범죄의 종류에 따라 찍어야 할 대상도 달라요. 만약 시체가 있다면, 그것이 발견된 장소를 정확하게 알 수 있도록 사진을 찍어야 해요. 시체가 어떤 자세로 발견되었고, 어떤 상처를 입었는지 보여 주도록 찍는 게 좋아요. 피살자의 옷은 어떤 상태였는지도 사진 기록으로 정확하게 남깁니다.

경찰관이 범행 현장에서 사진을 찍고 있어요. 증거물이 발견된 장소는 번호표로 표시해 두어요.

법의학자들이 분석하도록 핏 자국 사진도 찍어요.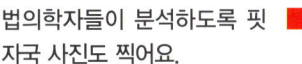

사진사는 목적에 따라 각각 다른 장비를 사용해요. 방 전체를 찍을 때에는 광각 렌즈를 사용하고, 피가 튄 자국처럼 작은 부분을 자세히 찍을 때에는 고배율 렌즈를 사용해요.

증거물 옆에 이름표와 축척을 표시해 놓고 나서 사진을 찍어요. 이 표시는 각각의 증거물을 확인하는 데 쓰여요. 축척은 증거물의 크기를 가늠할 수 있게 해 주어요.

부검 사진

시체를 부검할 때에는 대개 사진사가 옆에서 처음부터 끝까지 부검 과정을 사진으로 찍어 기록해요.

사진은 바꿔치거나 조작할 수도 있기 때문에, 부검 사진의 신빙성은 의심을 받을 수도 있어요. 사진이 바뀌거나 조작되지 않았다는 걸 증명하기 위해 각 사진에는 사진을 찍은 날짜와 시간을 표시해요. 이렇게 함으로써 사진이 증거로 채택될 가능성을 높일 수 있어요.

현 장 정 보 INFORMATION

중요한 증거 핏자국

핏자국(혈흔) 형태는 피를 어떻게 흘렸느냐에 따라 달라요. 무기에 살짝 찔리거나 베인 상처에서 바닥으로 뚝뚝 떨어진 피가 남긴 자국은 총에 맞은 상처에서 뿜어져 나오는 피가 남긴 자국과는 달라요. 핏자국의 형태는 아주 주의 깊게 분석해야 해요. 그것은 무기의 종류와 타격이나 총격의 방향, 피살자와 살인자의 위치 등에 대해 중요한 정보를 제공하거든요. 핏자국 형태를 찍은 사진은 법정에서 이러한 사실들을 알려 주는 증거로 채택되어요.

DNA 분석으로 밝혀지는 사실

DNA는 이 세상의 모든 생명체를 지배하는 화학 물질입니다. DNA에는 생명체가 살아가는 데 필요한 여러 명령들이 들어 있어 마치 컴퓨터의 아주 작은 프로그램과 같은 역할을 해요. 우리 몸을 이루고 있는 모든 세포에는 DNA가 들어 있어요. DNA는 세포 안에서 염색체를 만드는데, 모든 생명체는 종류에 따라 염색체의 개수가 서로 달라요.

70

사다리 모양의 DNA

DNA는 두 가닥의 끈이 빙빙 돌면서 꼬인 사다리 모양을 하고 있어요. 양쪽 기둥 사이에는 사다리의 단처럼 생긴 것들이 가로지르고 있는데, 이것들은 염기로 이루어져 있어요. DNA의 염기는 네 종류가 있어요. DNA에서 염기들이 늘어선 순서가 유전 암호를 이루어요. 사람의 유전자는 약 30억 쌍의 염기로 이루어져 있으며, 이것들은 수많은 방식으로 배열될 수 있어요.

◀ 현미경을 통해서만 볼 수 있는 아주 작은 세포 안에는 많은 DNA가 들어 있어요.

DNA는 나선형으로 꼬인 사다리 모양을 하고 있는데, 이것을 이중 나선 구조라고 불러요. DNA에는 모든 생물의 모습과 기능을 결정하는 유전 암호가 들어 있어요.

유전 정보를 전달하는 DNA

DNA는 한 세대에서 다음 세대로 유전 정보를 전달해요. 여러분의 유전 정보 중 절반은 아버지, 절반은 어머니에게서 물려받은 것이에요. 즉, 양 부모의 유전적 특징이 섞여서 여러분이 만들어진 거예요.

DNA 분석 방법

과학자들은 1953년에 DNA의 구조를 알아냈어요. 그리고 약 30년 뒤에 알렉 제프리스라는 영국 과학자가 DNA로 사람을 확인하는 방법을 발견했어요. DNA 분석은 1980년대에 처음 도입된 이래 지금은 중요한 과학 수사 방법으로 자리 잡았어요.

▲ DNA는 오래된 뼈에서도 추출할 수 있어요. 그래서 과거에 일어난 범죄를 해결하는 데 법의학자가 도움을 줄 수 있어요.

조작된 증거

DNA는 범행이 어떻게 일어났는지 소중한 정보를 제공하지만, 경찰과 법의학자는 범인이 경찰을 혼란에 빠뜨릴 목적으로 증거를 조작했을 가능성에도 신경을 써야 해요. 범죄자가 무고한 사람의 DNA가 포함된 물건을 범행 현장 근처에 놓고 갈 수 있거든요. 따라서 DNA 분석 결과는 아주 신중하게 검토해야 해요.

답을 알려 주는 DNA

DNA 시료를 분석하면 많은 정보를 알 수 있어요. 분석 결과는 다음과 같은 질문들에 대한 답을 얻는 데 쓰여요.

• **용의자는 범행 현장에 있었을까?**

범행 현장에서 발견된 시료의 DNA가 용의자의 DNA와 일치한다면, 용의자가 범행 현장에 있었다는 증거가 되어요. 그렇지만 범행 현장에서 발견된 시료가 살해에 사용된 칼처럼 범행과 직접적 관련이 있는 게 아니라면, 그것만으로는 용의자가 범행을 저질렀다는 것을 입증할 수 없어요.

• 발견된 시체는 누구일까?

시체의 DNA를 분석하면, 그 사람이 누구인지 밝혀내는 데 큰 도움을 얻을 수 있어요. 같은 가족끼리는 DNA에 비슷한 점이 많아요. 따라서, 시체의 DNA를 가족으로 추정되는 사람의 DNA와 비교해 비슷한 점이 많이 나타나면, 같은 가족이라는 것을 알 수 있지요. 시체에서 얻은 DNA를 DNA 데이터베이스에 저장된 DNA와 대조해 볼 수도 있어요. 이전에 경찰이 DNA를 분석한 적이 있는 사람의 것과 일치할지도 모르니까요.

크리픈 박사는 1910년에 아내를 살해한 죄로 교수형을 당했어요. 하지만 최근의 DNA 분석 결과에 따르면 크리픈 박사는 아내를 살해하지 않은 것으로 보여요.

사 건 파 일 X-FILE

크리픈 박사가 진짜 범인일까?

크리픈 박사 사건은 아주 유명한 사건이에요. 아내인 코라 크리픈이 실종되는 사건이 일어났는데, 며칠 뒤 런던에 있는 크리픈 박사의 집 지하실에서 시체가 발견되었어요. 경찰은 그 시체가 코라라고 생각했고, 크리픈 박사는 아내를 독살한 혐의로 재판을 받아 1910년에 교수형을 당했어요. 그런데 최근에 크리픈 박사가 범인이 아닐지도 모른다는 증거가 나왔어요. 법의학자들이 그 시체의 DNA를 코라의 가족과 비교해 보았더니, 상당히 다르다는 결과가 나왔거든요. 그렇지만 이것은 다시 두 가지 의문을 낳았어요. 그 시체가 코라가 아니라면, 도대체 누구일까요? 그리고 코라에게는 어떤 일이 일어났을까요? 아직은 아무도 그 답을 몰라요.

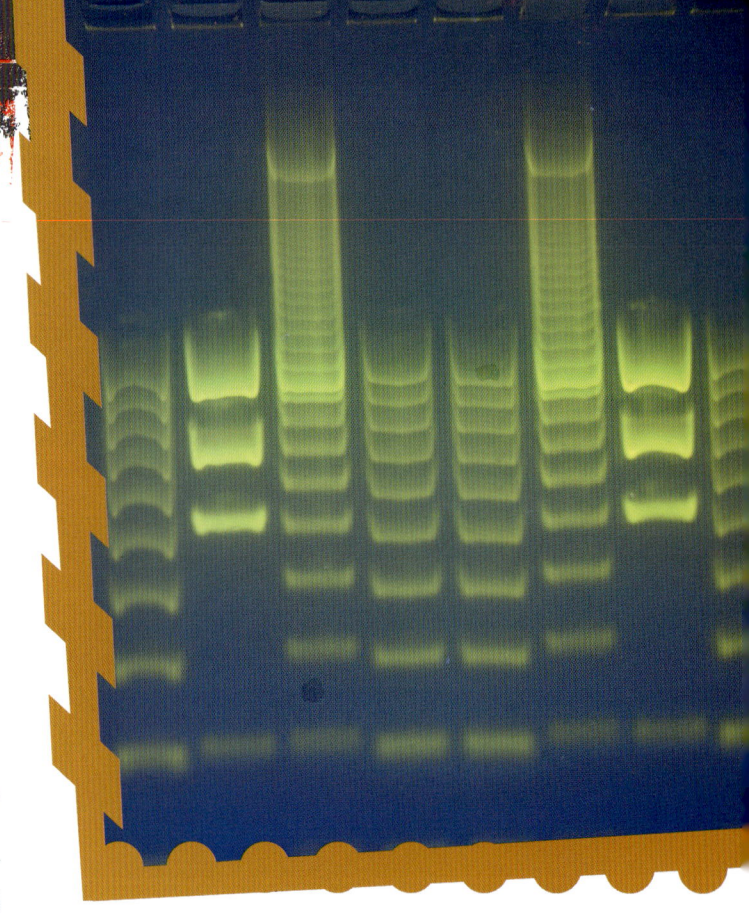

DNA 지문 분석은 서로 다른 DNA 시료들에 나타나는 형태를 비교해 일치하는지 확인하는 과정이에요.

DNA 분석에 쓰이는 것들

DNA는 생물의 몸을 이루는 모든 물질에서 추출할 수 있어요. 머리카락, 뼛조각, 혈액, 침 등에서도 추출할 수 있고, 심지어 지문에 포함된 아주 적은 양의 물질로도 DNA를 분석할 수 있어요. 시료는 신선한 것이 좋지만, 바싹 마르거나 언 상태로 오랫동안 보존된 것이어도 괜찮아요. 범행 현장에서 수집한 시료는 과학 수사 연구소로 가져가 분석해요.

일치하는 DNA

대부분의 사람들은 DNA가 서로 비슷해요. 전체 DNA 중에서 겨우 0.01%만이 다를 뿐이지요. 법의학자들이 집중적으로 분석하는 것은 바로 이 아주 적은 양의 DNA예요. DNA에는 유전자 표지라 부르는 중요한 부분들이 여러 군데 있는데, 이것들은 사람의 신원을 확인하는 데 큰 도움을 주어요. 하나의 표지만으로는 신원을 정확하게 확인할 수 없어요. 이것은 범행 현장에서 목격자가 키 큰 사람을 보았다고 하더라도, 그 정보만으로는 그 사람이 정확하게 누구인지 알 수 없는 것과 같아요. 키 큰 사람은 아주 많으니까요. 그런데 그 사람이 머리카락이 검은색이고 팔에 큰 문신까지 있다면, 범위를 크게 좁힐 수 있어요. 목격자가 본 특징이 많을수록 그 사람의 신원을 더 정확하게 확인할 수 있지요. DNA 분석도 마찬가지로 일치하는 표지가 많을수록 두 시료가 같은 사람에게서 나왔을 확률이 높아져요.

미국에서는 DNA 분석을 할 때 대개 13군데의 유전자 표지를 살펴보는 방법을 사용해요.

DNA 데이터베이스

경찰이 용의자를 찾지 못했을 때, DNA 분석이 큰 도움을 줄 수 있어요. 경찰이 채취해 분석한 모든 DNA 시료에 관한 정보가 국내 및 국제 DNA 데이터베이스에 저장돼 있기 때문이지요. 범행 현장에서 발견된 시료를 이 데이터베이스에 보관된 데이터와 대조해 볼 수 있어요. 그러다가 이전에 범죄를 저지른 사람의 DNA와 일치한다면, 그 사람이 이번 범죄도 저질렀을 가능성이 있어요.

믿을 수 없는 증거?

일부 나라에서는 LCN DNA 분석법을 사용하고 있어요. 이것은 DNA 시료가 아주 적은 양밖에 없을 때 쓰는 방법으로, DNA를 화학적으로 복제하여 충분히 많은 양을 만드는 방법이에요. 이것은 아주 멋진 방법처럼 보이지만, 복제 과정에서 실수가 일어날 수 있다는 사실이 발견되었어요. 다시 말해서, 분석하는 시료가 원래의 DNA하고 약간 다를 수 있어요. 그래서 LCN DNA 분석법이 법정의 증거로 채택할 만큼 믿을 수 있는 것인지를 놓고 논쟁이 벌어지고 있어요.

DNA를 분석한 과학자는 그것을 DNA 데이터베이스에 저장된 DNA 지문과 대조할 수 있어요.

머리카락의 DNA 분석 과정

경찰은 범행 현장에서 발견된 DNA가 용의자의 DNA와 일치하는지 확인할 필요가 있어요. 범행 현장에서부터 최종 분석에 이르기까지 DNA 분석이 진행되는 단계는 다음과 같아요.

1_ 범행 현장 조사관이 범행 현장에서 발견된 머리카락을 조심스럽게 수집합니다. 이때, 손으로 머리카락을 잡아서는 안 돼요. 핀셋으로 집어 무균 용기에 담은 뒤에 라벨을 붙입니다.

2_ 시료를 과학 수사 연구소로 보내 분석합니다. 무균 용기에서 머리카락을 꺼내 적절한 실험 용기에 담아 분석 실험을 시작하지요.

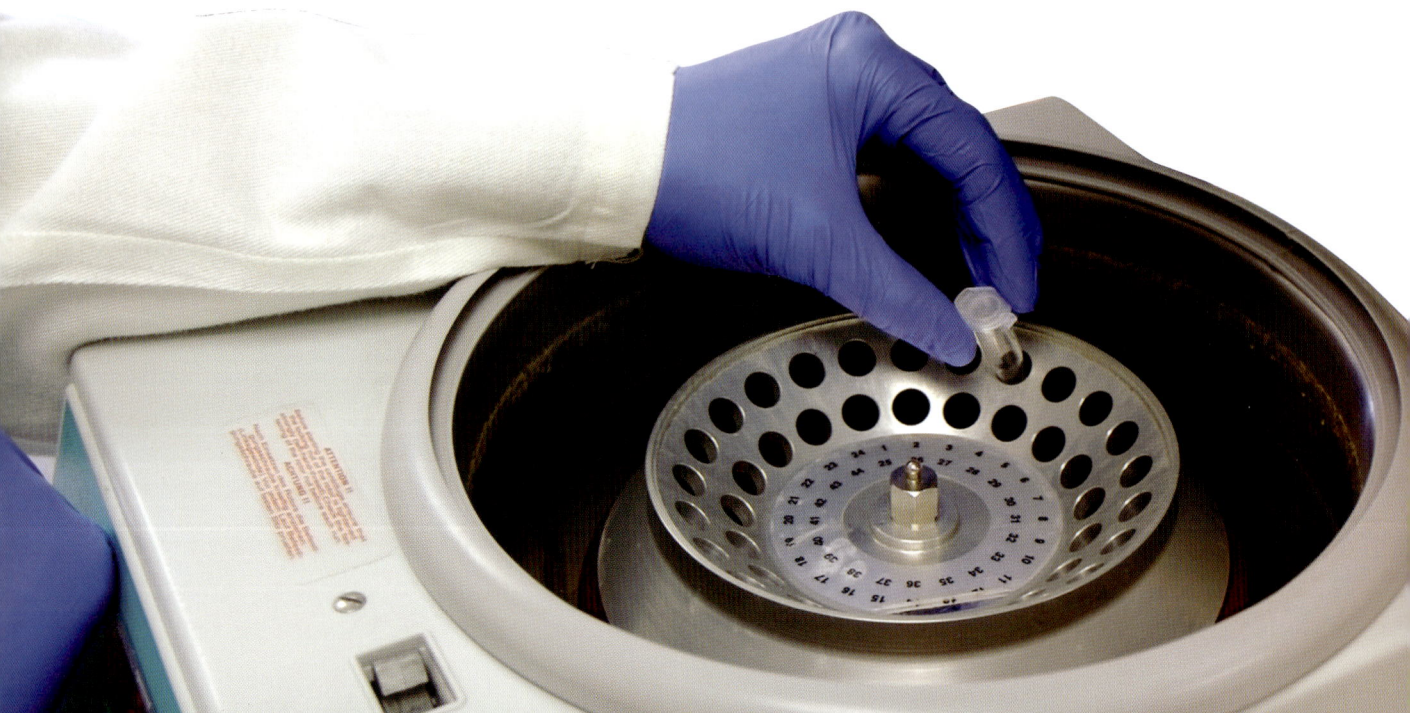

아주 빠른 속도로 회전하는 원심분리기 안에서 물질들이 밀도에 따라 분리되어요.

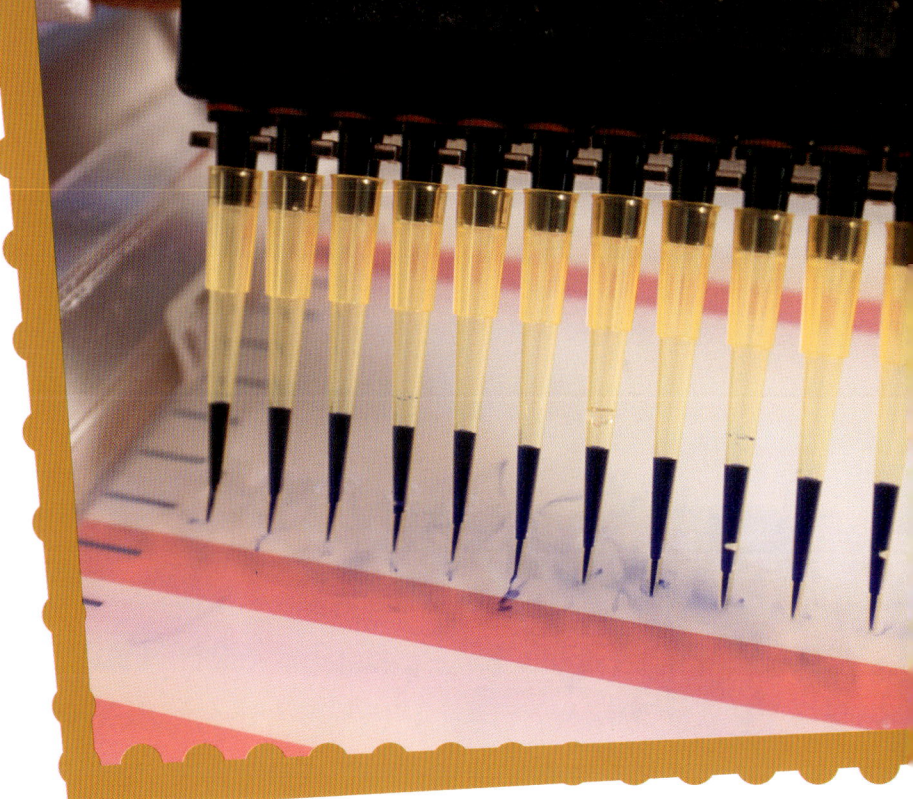

이 피펫들에는 DNA 시료가 염료와 섞여 있어요. 이것들은 전기영동이란 방법을 통해 분석할 거예요.

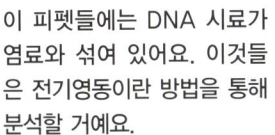

3_ DNA를 나머지 물질에서 분리합니다. 이 과정에는 여러 가지 방법을 사용해요. 화학 물질을 첨가해 세포를 터지게 한 뒤에 시료를 원심분리기 안에 넣어 고속으로 회전시키는 것도 한 가지 방법이에요.

4_ DNA 중합 효소를 사용해 DNA의 작은 조각들을 많이 복제합니다. 이 과정을 중합 효소 연쇄 반응(PCR)이라 불러요. 그런 다음, 복제된 DNA 조각들을 전기영동을 이용해 각각의 집단으로 분리해요. 유전자 표지들을 잘 볼 수 있게 특수 염료와 화학 물질을 첨가합니다.

5_ 법의학자가 범행 현장에서 발견된 DNA를 용의자의 DNA와 대조합니다. 만약 용의자를 찾지 못했다면, 컴퓨터 데이터베이스에 저장된 자료와 대조해요. 유전자 표지들이 더 많이 일치할수록 두 DNA가 같은 사람의 것일 가능성이 더 높아요.

6_ DNA 분석 결과, 범행 현장에서 발견된 DNA가 용의자의 DNA와 일치하는 것으로 나타났어요!

법의병리학자가 찾아내는 결정적 단서

사고나 범죄 혹은 자살로 죽은 사람의 시체를 검사하는 것은 법의병리학자가 하는 일이에요. 법의병리학자는 살아 있는 피해자의 상처를 조사하기도 해요. 이러한 조사를 통해 상처의 개수와 종류, 사용한 무기의 종류, 사망 시각, 정확한 사망 원인 등에 관한 정보를 알아낼 수 있어요.

부검으로 알 수 있는 것들

시체를 검사하고 조사하는 것을 부검이라고 해요. 부검은 대개 실험실이 아니라 시체 보관소에서 합니다. 그렇지만 자세한 분석을 위해 시체에서 발견된 미세 증거뿐만 아니라, 신체 기관과 체액을 따로 떼 내 실험실로 보내기도 해요. 부검을 하는 주목적은 사망 원인과 사망 시각을 알아내는 것입니다.

증거가 남겨진 시체

먼저, 시체의 무게와 각 신체 부위의 길이를 잽니다. 가능하다면 희생자의 성별, 인종, 추정 나이 등도 기록합니다. 그리고 나서 시체의 외관을 자세히 살펴보아요. 병리학자는 관찰한 것을 모두 기록하고, 사진을 찍습니다. 주사 바늘 자국이나 상처, 멍과 같은 자국을 검사하고 측정해요. 손톱 밑의 섬유나 머리카락에 묻은 페인트 조각 같은 미세 증거는 모두 떼어 내 실험실로 보냅니다. 이러한 증거는 살인자를 알아내는 데 도움을 줄 수 있어요.

시체는 시체 보관소에 보관했다가 부검실(오른쪽)에서 부검을 합니다. 두 장소 모두, 시체의 부패를 막기 위해 항상 온도를 낮게 유지해요.

시체에 묻은 흙이나 오물도 분석을 위해 실험실로 보냅니다. 이러한 증거는 정확한 범행 장소를 알아내는 데 도움을 줄 수 있어요. 총에 맞은 상처도 자세히 조사해 총알 파편을 찾습니다.

살인 사건의 경우에는 법의학자가 시체의 손톱 밑을 비롯해 단서가 있을 만한 곳을 꼼꼼히 살펴보아요. 격렬하게 저항하던 피살자의 손톱 밑에 살인자의 피부 조각이 있을지도 모르니까요. 피부 조각에서는 범인을 확인하는 증거인 DNA를 얻을 수 있어요.

현 장 정 보 INFORMATION

사후 경직

죽은 사람의 몸에는 여러 가지 변화가 일어납니다. 그 중 하나는 근육에 일어나는데, 살아 있는 사람의 경우 근육은 수축할 때 짧아지고 이완할 때 길어져요. 우리는 근육의 수축과 이완 작용으로 몸을 움직일 수 있어요. 그런데 사람이 죽으면 화학적 변화가 일어나면서 근육이 뻣뻣하게 굳어 수축이나 이완을 하지 않아요. 이렇게 몸이 뻣뻣하게 굳는 현상을 사후 경직이라고 해요. 사후 경직은 죽은 지 2~3시간 정도가 지나면 일어나기 시작하여 72시간 정도 지속됩니다. 근육에서 화학적 변화가 더 일어나면, 뻣뻣하게 굳었던 근육이 조금씩 풀어져요. 이런 사후 경직 현상은 가끔 사망 시각을 정확하게 알아내는 데 도움을 주어요.

법의병리학자는 부검을 할 수 있도록 특별한 훈련을 받은 의사예요. 사망 원인과 사망 시각을 알아내는 게 병리학자의 주 임무예요.

시체 내부 검사를 하려면

시체 내부를 검사하려면, 몸을 갈라야 해요. 먼저 몸을 Y자 모양으로 크게 가릅니다. 양쪽 어깨에서 시작하여 가슴뼈까지 가른 뒤에 거기서 사타구니까지 직선으로 갈라요. 그리고 피부와 근육을 열어젖히고 내부 기관들을 살펴봅니다. 흉곽도 절개해 가슴 안에 있는 기관들을 살핍니다.

병리학자는 부검을 하면서 질병이나 부상의 흔적처럼 특이한 것은 모두 기록해요. 그러고 나서 내부 기관들을 한 번에 하나씩 꺼냅니다. 각각의 기관은 무게를 재고, 시료를 실험실로 보내 분석을 해요. 혈액이나 오줌 같은 체액 시료도 분석을 위해 보냅니다.

그다음에는 머리와 뇌를 살펴보고, 역시 시료를 실험실로 보내요.

분석을 위한 시료를 다 채취하고 부검이 끝난 시체는 다시 꿰매 원래의 상태로 복원합니다. 그리고 냉동 상태로 보관실에 보관했다가 검사가 완료되면, 장의사에게 넘겨 매장하거나 화장해요.

위에 든 내용물

위에 든 내용물은 피살자가 마지막으로 어떤 음식물을 먹었고, 사망하기 전에 그 음식물을 얼마나 오랫동안 먹었는지 등을 알려 주어요. 이러한 사실들은 사건 해결에 큰 도움을 줄 수 있어요. 예를 들어 어떤 사람이 오후 8시에 식당에서 피자를 먹는 모습이 목격된 후, 이틀 뒤에 시체로 발견되었다고 해요. 위에 든 내용물을 조사한 결과, 피자를 먹은 직후에 사망했다면, 그 사람은 식당에서 피자를 먹은 바로 그 날 사망했다는 것을 알 수 있지요.

81

법의병리학자가 피부 조직을 현미경으로 관찰하고 있어요.

치아로 확인하는 사망자와 범인

치아는 아주 단단해 사람이 죽고 나서 시간이 한참 지난 뒤까지도 머리뼈에 붙은 채 남아 있어요. 치아에서 얻은 정보는 사망자와 범인을 확인하는 데 쓰여요.

치과에서의 사망자 확인

우리가 치과를 찾아갈 때마다 치과 의사는 빠지거나 부러지거나 때운 치아에 대한 정보를 기록으로 남겨요. 일부 치과에서는 아직도 진료 기록을 문서로 남기지만, 대부분의 치과에서는 컴퓨터에 저장해요. 만약 신원을 알 수 없는 시체가 발견된다면, 그 치아 형태를 전국의 치과 진료 기록과 대조할 수 있어요. 그래서 일치하는 게 나오면, 시체의 신원을 알아낼 수 있지요.

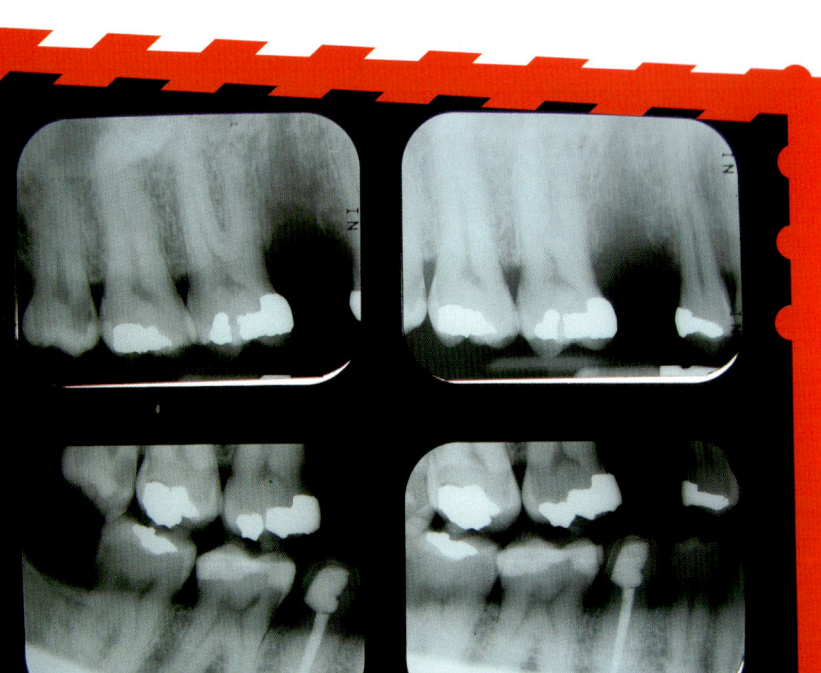

이 사람의 치아를 촬영한 X선 사진에서는 이가 하나 빠져 있어요. 이 정보는 시체의 신원을 밝히는 데 도움이 될 수 있어요.

82

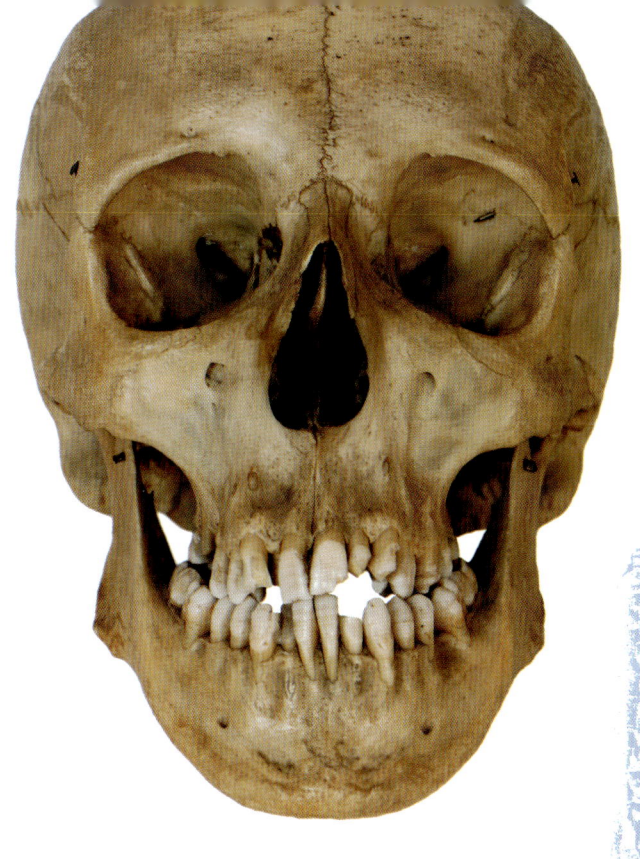

사람의 유골이 발견되면, 법의학자가
와서 자세히 조사합니다.

치아는 사람이 죽고 나서 세월이 한참 지나
도 턱뼈에 붙은 채 남아 있어요. 따라서 해골
밖에 남지 않은 시체를 가지고도 치아를 이
용해 사망자의 신원을 알아낼 수 있어요. 심
하게 타거나 훼손된 시체도 치아를 보고 신
원을 확인할 수 있어요.

현장체험

잇자국 본 뜨기

여러분의 잇자국을 본으로 떠 보아요.
치즈나 사과 같은 음식물을 크게 한입
베어 물어 거기에 깨끗한 잇자국을 남
기세요. 여러분의 치아가 남긴 자국이
선명하게 보이나요? 친구에게도 같이
하게 하여 두 사람의 잇자국을 비교해
보세요. 둘은 서로 비슷한가요, 아니
면 큰 차이가 있나요? 어떤 게 자신의
것인지 쉽게 알 수 있나요?

잇자국으로 알 수 있는 것들

우리가 어떤 것을 물면, 그 물체에 잇자국이 남아요. 사람의 턱은 크기가 제각각 다르고, 치아
의 모양과 배열도 제각각 달라요. 그래서 잇자국도 사람마다 제각각 다르기 때문에, 이것을
이용해 사람을 확인할 수 있어요. 만약 피해자가 범인에게 물린 자국이 있다면, 그것을 자세
히 조사합니다. 그리고 용의자가 있으면, 그 사람에게서 잇자국 본을 뜹니다. 잇자국을 본 뜨
는 데에는 고무와 플라스틱 등 여러 가지 물질을 쓸 수 있어요. 본 뜬 것이 피해자의 몸에 난 잇
자국과 일치하는지 비교하면, 용의자가 범인인지 아닌지 알 수 있어요. 만약 용의자가 없다면,
전국의 치과 진료 기록과 비교해 볼 수 있어요.

실험실에서 입증하는 총기 범죄

탄도학은 총과 총알에 대해 연구하는 분야예요. 탄도학 전문가는 범행 현장에서 발견된 총과 총알을 분석해요. 또 그것을 실험실로 가져가 더 자세한 실험과 분석을 해요. 이러한 분석은 총알이 어떤 총에서 발사된 것인가를 포함해 중요한 정보를 제공할 수 있어요.

84

사용한 총알과 탄피를 분석하면, 그것이 어떤 총에서 발사된 것인지 알 수 있어요.

탄도학 전문가가 범행에 사용된 총을 조사하고 있어요. 더 많은 정보를 얻기 위해 안전한 장소에서 발사 실험을 해 볼 수도 있어요.

총알에 남은 자국

총을 발사할 때마다 총알은 총신에 난 홈을 지나가면서 거기에 긁힌 자국이 남게 되어요. 총마다 총신에 난 홈의 모양이 다르기 때문에, 총알에 남는 자국도 제각각 달라요.

탄도학 전문가는 바로 이 자국에 주목해요. 만약 범행에 사용된 총이 발견된다면, 탄도학 전문가는 그 총으로 부드러운 물질을 향해 총알을 발사해 보아요. 그리고 나서 범행 현장에서 발견된 총알에 남은 자국과 실험에 사용된 총알에 남은 자국을 비교해요. 만약 범행 현장에서 총이 발견되지 않았다면, 데이터베이스에 저장된 데이터 중에 비슷한 것이 없나 찾아볼 수 있어요. 저장된 자료 중에 혹시 일치하는 것이 나올지도 모르니까요.

현 장 정 보 INFORMATION

법의학 탄도국

1925년에 뉴욕에 법의학 탄도국(BFB)이 설립되었어요. 그 목적은 미국 전역의 경찰에 탄도 분석을 제공하기 위한 것이었어요. 그 당시에는 경찰 내에 탄도학 연구를 할 수 있는 전문가가 거의 없었기 때문에 이런 기구가 필요했어요. 법의학 탄도국에서 초창기부터 일한 사람 중에 캘빈 고다드라는 사람이 있어요. 그는 많은 총기 제조 회사에서 정보를 수집하고, 발사 실험을 수없이 해 보았어요. 그 연구는 오늘날 활용되고 있는 광범위한 탄도학 데이터베이스를 만드는 토대가 되었어요.

총 안에 남는 증거

탄도학 증거가 범죄 사건 해결에 최초로 도움을 준 사례는 1835년에 런던에서 일어났어요. 한 남자가 총에 맞아 사망했는데, 동그란 납탄이 시체에서 발견되었어요. 경찰은 그 남자의 하인을 살인범으로 의심했어요. 경찰은 납탄에 남은 자국을 자세히 조사하고, 총 안에서 납탄과 화약 사이에 끼워 넣은 종잇조각도 자세히 조사했어요. 그 결과, 그 종이가 하인의 침실에 있던 신문지에서 찢은 것이란 사실을 알아냈어요. 이 증거를 들이대자, 하인은 순순히 범행을 자백했어요.

⬆ 총알 구멍은 발사된 총에 대해 많은 것을 알려 주어요.

현미경으로 분석하는 총알

현미경은 탄도학 분석에 아주 중요한 도구예요. 현미경에 사진기가 붙어 있으면, 현미경으로 총알을 관찰하면서 동시에 사진을 찍을 수 있어요. 이렇게 찍은 사진은 컴퓨터에 저장해요. 현미경을 폐쇄 회로 텔레비전에 연결해 증거물을 큰 화면으로 볼 수도 있어요.

비교 현미경이라는 특수 현미경을 사용하는 경우도 있어요. 비교 현미경은 두 물체를 서로 나란히 놓고 보면서 비교할 수 있어요. 예를 들면, 하나는 범행 현장에서 발견된 총알을 보여 주고, 다른 하나는 데이터베이스에 있는 다른 총알을 보여 줄 수 있어요. 탄도학 전문가는 두 화상을 겹쳐 보면서 세세한 부분들을 자세히 비교해요. 만약 두 총알이 똑같은 것이라면, 그 총알들이 같은 종류의 총에서 발사되었다는 걸 알 수 있지요.

총기 범죄의 전문가들

탄도학 전문가는 범행 현장을 자세히 조사하기도 해요. 시체나 그 주변에 난 총알 구멍을 자세히 분석하면, 총을 어디서 발사했는지 알 수 있어요. 총기 범죄에 관련된 증거를 분석하는 데에는 다른 전문가들도 참여할 수 있어요.

- **법의병리학자** – 시체에 난 총알 구멍과 화약으로 인한 화상을 조사해요.
- **법의야금학자** – 총알이 어떤 금속으로 만들어졌는지 조사해요.
- **법의화학자** – 화약 잔여물을 분석해요.

이들 전문가가 알아낸 정보들을 종합하면, 범행이 어떻게 일어났는지 더 자세히 알 수 있어요. 또, 그것들은 범인을 확인하거나 무고한 사람의 결백을 입증하는 증거가 될 수 있어요.

전문가는 현미경을 이용해 총알이나 탄피에 남은 자국을 비교해요.

범행에 사용된 총을 확인하는 방법

탄도학 전문가가 용의자의 차에서 발견된 권총이 범행 현장에서 발견된 총알이 발사된 그 총인지 어떻게 확인하는지 보기로 해요.

1_ 탄도학 전문가가 용의자의 차에서 발견된 권총으로 발사 실험을 합니다. 총알이 손상을 입지 않도록 수조를 향해 발사해요.

2_ 수조에서 총알을 회수해 비교 현미경으로 관찰합니다.

🔻 범행 현장에서 발견된 총은 봉지에 넣어 보존해요.

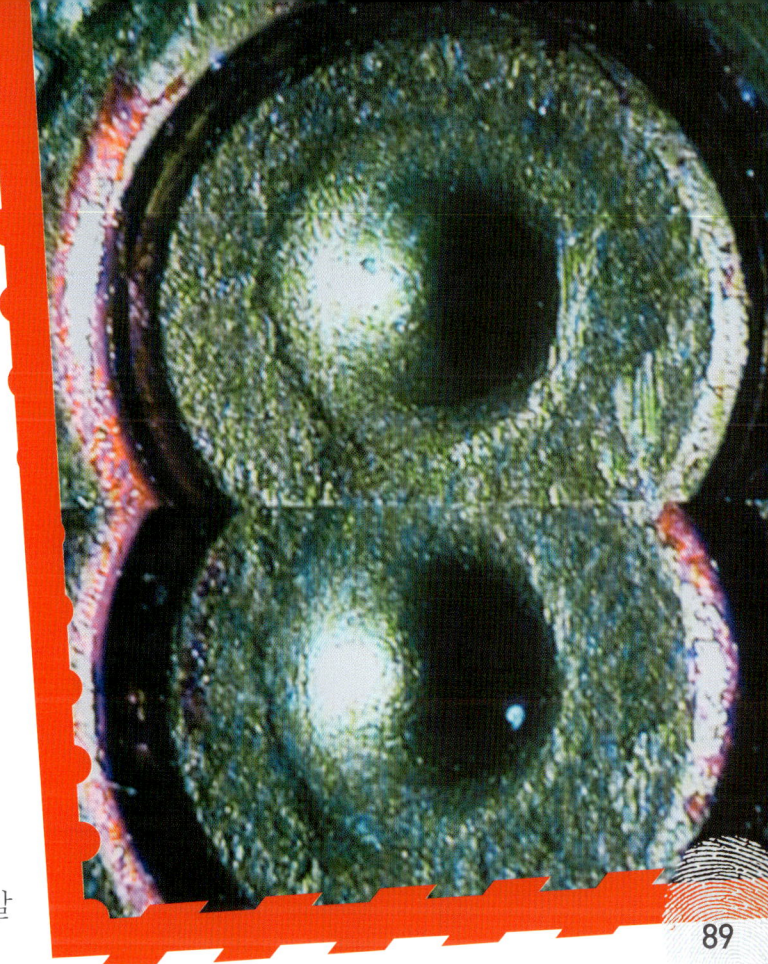

총에서 발사된 총알을 분석하면, 그 총이 어떤 것인지 알 수 있어요. 이 두 총알은 똑같은 총에서 발사된 것이에요.

3_ 전문가가 범행 현장에서 발견된 총알도 분석합니다.

4_ 두 총알을 나란히 놓고 현미경으로 조사합니다. 총알을 이리저리 돌려가며 전체 표면을 살펴보아요.

5_ 현미경으로 보이는 모습을 화면에 나타냅니다. 총알에 난 자국을 자세히 비교합니다.

6_ 두 총알에 난 자국을 서로 맞추어 보았더니, 정확하게 일치했어요. 이것을 사진으로 찍습니다. 이 사진은 그 총이 범행 현장에서 그 총알을 발사한 총이라는 증거로 법정에 제출할 수 있어요.

7_ 경찰도 가끔 실수를 저지를 때가 있어요. 그래서 변호사도 탄도학 전문가를 고용해 경찰 기록과 증거를 검토하여 용의자의 결백을 증명해 줄 수 있는 새로운 증거를 찾으려고 해요.

연장 자국으로 찾는 단서

범행을 저지를 때에는 여러 가지 연장을 사용해요. 연장은 건물에 침입할 때에도 사용되고, 무기로도 사용되어요. 그런데 대부분의 연장은 사용한 흔적을 남겨요. 물론 연장의 종류에 따라 남는 자국도 제각각 다르지요. 그 자국을 분석하면 어떤 연장을 사용했는지 알 수 있어요.

연장이 남긴 자국

연장은 표면에 닿을 때 자국을 남겨요. 남는 자국의 종류에는 여러 가지 변수가 영향을 미쳐요. 연장의 종류, 표면의 종류, 가한 힘의 세기, 연장이 움직인 방식 등도 그런 변수에 포함되어요. 연장 자국이 남는 방식도 여러 가지가 있어요. 다음 페이지의 표에 연장을 움직인 방식, 표면, 자국, 연장의 종류가 실려 있어요.

▼ 이 뼛조각에 남은 자국은 칼에 의해 생긴 것이에요.

각 연장의 특징

모든 연장은 각각 나름의 특징이 있어요. 이러한 특징은 연장이 남기는 자국에 영향을 미쳐요. 연장이 지닌 특징은 크게 세 종류로 나눌 수 있어요.

집단적 특징은 같은 종류의 연장이 모두 공통적으로 지닌 특징이에요. 예를 들면, 칼의 집단적 특징은 손잡이와 칼날이 있다는 거예요.

소집단적 특징은 같은 종류의 연장 중에서 일부 연장들이 공통적으로 지닌 특징이에요. 예를 들면, 한 제조 회사에서 만든 칼들은 손잡이가 모두 나무인 반면, 다른 제조 회사에서 만든 칼들은 손잡이가 모두 플라스틱일 수 있어요.

개별적 특징은 한 연장만 지니고 있는 특징이에요. 예를 들어 칼날에 이가 빠진 자국이 하나만 생긴 칼이 있다면, 정확하게 같은 장소에 같은 자국이 있는 칼은 또다시 찾기 힘들어요.

연장을 조사할 때에는 먼저 집단적 특징을 조사하고, 그 다음에 소집단적 특징과 개별적 특징을 순서대로 조사해요.

연장을 움직인 방식	표면의 종류	자국의 종류	연장의 종류
휘둘러 때림	금속제 차량	움푹 들어간 자국	야구 방망이
미끄러짐	피부	기다란 찰과상	칼
꽉 누름	전화선	끝부분이 짓눌려 끊어짐	철사 절단기
왕복 운동	금속 막대	비슷하게 생긴 일련의 이빨 자국	톱

법의학자는 연장 자국을 보고서 그 연장에 대한 단서를 얻을 수 있어요. 연장 자국을 현미경으로 조사하면, 사용한 연장이 어떤 것인지 확인하는 데 도움이 되는 단서를 얻을 수 있어요. 이 정보는 법의학자가 건물에 침입하거나 사람을 해치는 데 사용한 연장이 어떤 것인지 입증하는 데 큰 도움이 되어요.

사건의 진실을 밝히는 과학자들

과학 수사 연구소에서는 어떤 일을 할까요? 그것은 어떤 분야를 선택하느냐에 따라 달라요.

자격 요건

과학 수사 연구소의 과학자들은 대부분 화학이나 생물학 같은 기초 과학을 전공했어요. 여러 대학에는 법의학과나 수사과학과가 있어요. 법의학이나 수사과학을 전반적으로 가르치는 과정도 있고, 특정 분야를 전문적으로 가르치는 과정도 있어요. 과정에 따라 자격 요건도 제각각 다르지만, 대부분의 과정은 기초 과학에 대한 배경 지식이 필수적이에요.

어떤 사람들은 과학을 전공한 뒤에 과학 수사 연구소의 전문가가 되는 데 필요한 과정을 추가로 밟기도 해요. 예를 들면, DNA 분석을 전문적으로 하는 사람은 대학에서 생물학이나 유전학 학위를 딴 뒤에 추가로 집중적인 훈련 과정을 거쳐 과학 수사 연구소에 들어올 수 있어요.

과학 수사 연구소에서 일하는 사람이 모두 과학을 전공한 것은 아니에요. 예를 들면, 법의학 사진사는 사진을 전공한 뒤에 법의학에 필요한 훈련을 받을 수도 있어요. 또, 처음에 범행 현장 조사관으로 일하다가 지문 분석처럼 특정 분야의 전문가가 될 수도 있어요.

실험실에서 일하는 걸 좋아한 다면, 과학 수사 연구소의 일이 여러분의 적성에 맞을지도 몰라요.

과학 수사 연구소에서 일하려면

과학 수사 연구소에서 일하려면, 기본적으로 갖추어야 할 자질이 몇 가지 있어요. 그 중에는 다음과 같은 것들이 포함되어요.

- 과학에 대한 기본적인 지식
- 수준 높은 과학 실험을 믿을 만하게 해내면서 일을 정확하게 처리하는 능력
- 체계적이고 논리적으로 일을 처리하는 능력
- 세밀한 것을 놓치지 않는 집중력
- 수학과 컴퓨터 실력. 그래야 데이터를 분석하고, 보고서를 잘 쓸 수 있어요.

여러분이 이 모든 자질을 갖추고 있다면, 과학 수사 연구소에서 일해 보는 걸 생각해 봐도 돼요.

현 장 정 보 INFORMATION

국립 과학 수사 연구소에서 일하려면

국립 과학 수사 연구소는 크게 법의학부(법의학과, 유전자분석과, 범죄심리과, 문서영상과)와 법과학부(약독물학과, 마약분석과, 화학분석과, 물리분석과, 교통공학과)로 나뉘어요. 법과학부에서 일하는 사람의 경우 해당 분야에서 석사 이상의 학위를 따야 해요. 분야에 따라 약학, 화학, 물리학, 컴퓨터공학, 기계공학, 전기공학 등과 관련된 학과를 전공해야 해요. 하지만 꼭 과학을 전공하지 않아도 범죄심리과 같은 경우에는 심리학을 전공하고, 석사 이상의 학위를 받으면 돼요.

3

과학으로 밝혀내는
위조 범죄

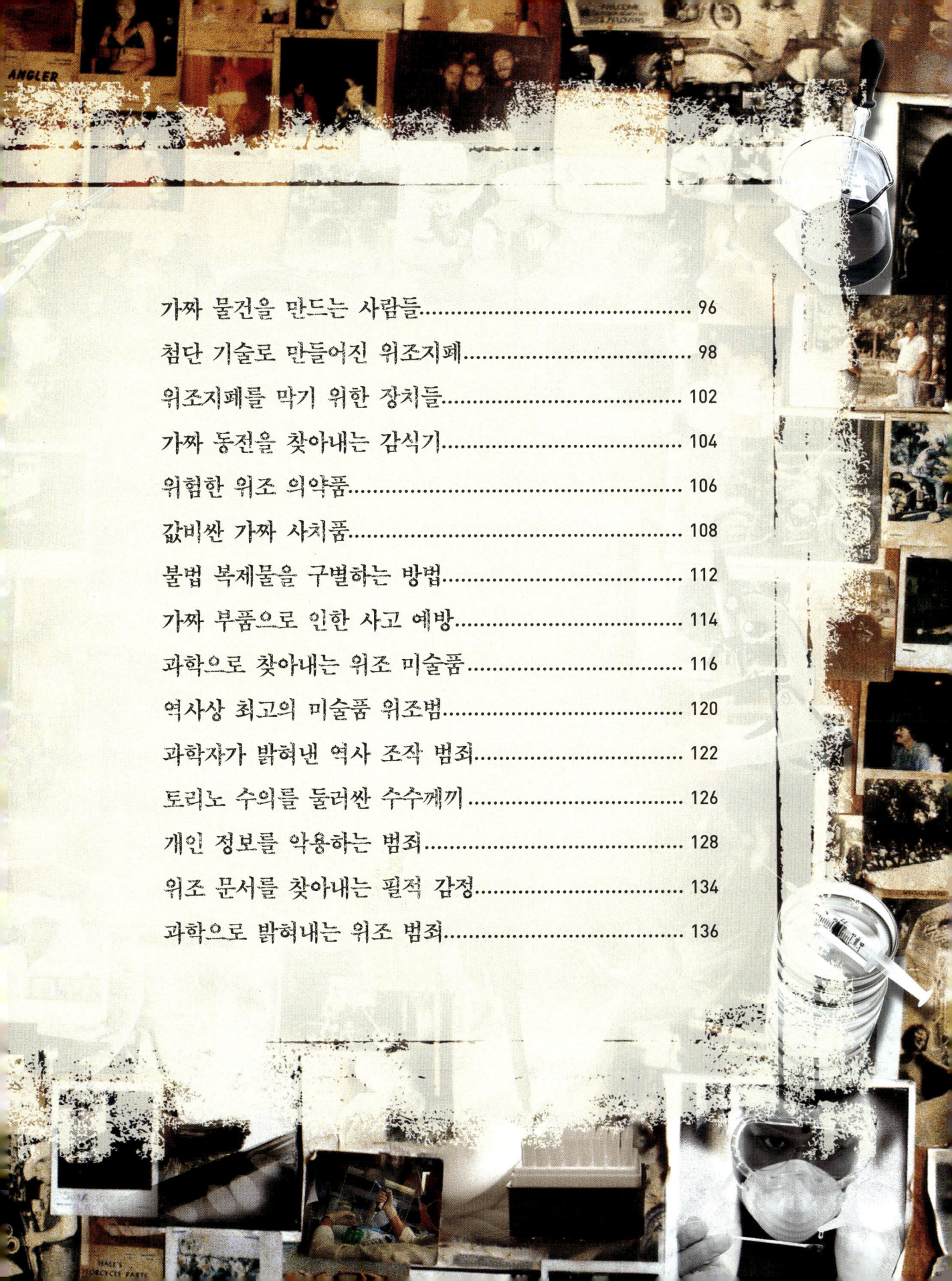

가짜 물건을 만드는 사람들

세계 각지에서 많은 범죄자들은 위조품을 만들어 사람들에게 팔고 있어요. 그들은 돈을 벌기 위해 다른 사람이나 단체, 심지어 정부까지 속이는 짓을 서슴지 않아요.

진짜일까? 가짜일까?

위조는 사람들을 속일 목적으로 가짜 물건을 진짜 물건처럼 만드는 것을 말해요. 여러분이 만 원짜리 지폐를 가지고 가게에 가서 물건을 사러 갔다고 한번 상상해 보세요. 만 원짜리 지폐는 얼핏 보기에는 아무 이상이 없어 보이지만, 가게 점원은 그것이 위조지폐라며 받지 않으려 합니다. 여러분은 그것을 다른 사람에게서 진짜 돈인 줄 알고 받았지만, 가짜 돈으로는 아무것도 살 수 없어요. 그러니까 여러분은 위조지폐를 만든 사람 때문에 만 원을 날린 셈이지요.

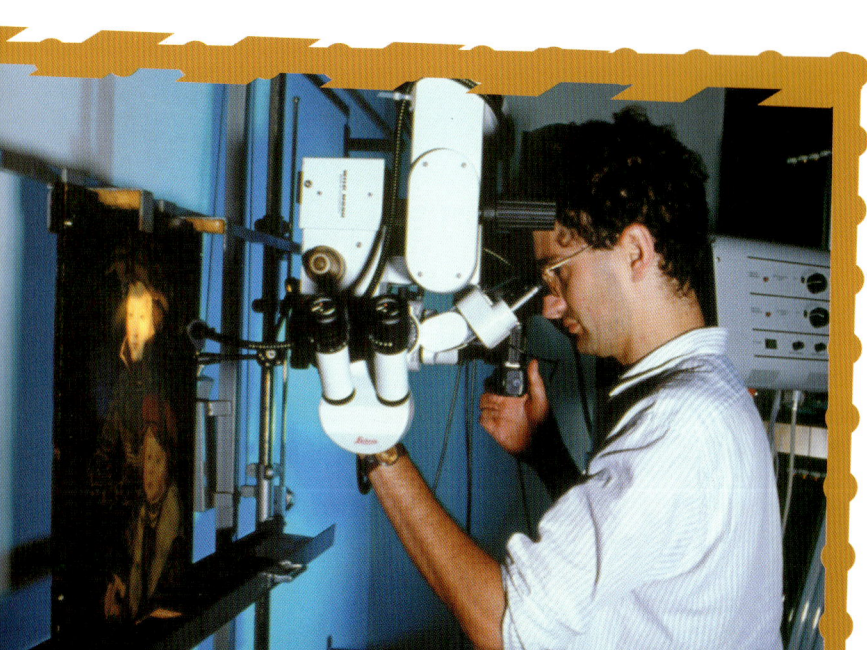

◀ 법의학자가 현미경으로 가짜 그림을 살펴보고 있어요. 전문가는 가짜 그림에서 원화와 다른 부분들을 찾아낼 수 있어요.

해마다 수십억 달러의 위조지폐가 발
견되고 있어요.

진짜가 된 모조품

모조는 문서나 물건을 진짜와 비슷하게 만드는 것을 말해요. 모조품을 만드는 사람은 재주가
아주 뛰어난 경우가 많아요. 예를 들면, 모조 화가는 피카소처럼 유명한 화가의 작품과 구별
하기 힘들 정도로 그림을 정교하게 그릴 수 있어요. 모조 행위 자체는 불법이 아니에요. 그렇
지만 이렇게 만든 가짜 물건을 진짜인 것처럼 주장하면 불법이 되어요. 즉, 모조화를 그린 사
람이 그 그림을 피카소의 작품인 것처럼 팔려고 하면 범죄가 되는 거예요. 이런 식으로 사람
을 속여 이익을 얻는 범죄를 사기라고 해요.

가짜를 가려내는 전문가들

한 해에 전 세계에서 거래되는 위조품과 모조품은 전체 거래 상품의 6%, 액수로 따지면 수천
억 달러에 이르는 것으로 추정되고 있어요. 많은 사람들이 이런 불법 거래를 막기 위해 노력
하고 있어요. 그 중에는 가짜를 잘 가려내도록 훈련받은 전문가들이 있어요. 이들은 많은 기
술을 사용해 증거를 찾아내지요. 그러한 기술은 위조지폐범을 체포하는 데 큰 도움이 되어요.
또, 국가 간의 상품 교역을 관리하는 세관에서도 유용하게 쓰여요.

첨단 기술로 만들어진 위조지폐

시중에 돌아다니는 위조지폐는 그만큼 실제 돈을 훔친 것이나 마찬가지예요. 경찰은 전문가들과 함께 위조지폐를 찾아내 더 이상 유통되지 않도록 해요. 그리고 이런 종류의 사기를 저지르는 사람들을 붙잡아 처벌하지요. 그렇지만 위조지폐를 찾아내는 일은 어려움이 많아요. 전 세계에서 수천만 달러어치의 가짜 돈이 진짜 돈과 섞여 돌아다니고 있기 때문이지요. 지금도 많은 사람들이 그것이 가짜 돈인지도 모르고 물건을 사고파는 데 쓰고 있어요.

◀ 위조지폐로 의심되는 돈을 발견하면, 즉시 경찰에 신고하세요.

진짜 지폐는 일반 종이가 아니라 면섬유로 만든 종이에 인쇄해요. 면섬유는 종이보다 질길 뿐만 아니라, 인쇄가 깨끗하게 되거든요. 일반 종이에 인쇄한 지폐는 잉크가 잘 번지고 그림이 흐릿해져 쉽게 눈에 띄어요.

위조 전문가들

전문적으로 화폐를 위조하는 사람은 인쇄판을 사용해 위조지폐를 찍어 내요. 진짜 지폐는 각각의 색깔마다 거기에 해당하는 인쇄판이 따로 있어요. 위폐범은 일단 진짜 지폐를 찍어 내는 데 사용된 것과 똑같은 잉크와 종이를 구합니다. 인쇄판을 만드는 데에는 아주 정교한 기술이 필요해요. 그래서 범죄자들은 세계 각지에서 고도의 기술을 가진 전문가들을 구해 그 일을 맡깁니다.

아마추어 위조

반면에 경험과 기술이 얼마 없는 사람들도 종종 가짜 돈을 만들어요. 이들은 대개 컬러 복사기와 스캐너, 컴퓨터 프린터를 사용해 위조지폐를 만들어요. 이런 장비들은 손쉽게 구할 수 있으니까요. 그렇지만 이렇게 만든 위조지폐는 정교하지 못해 금방 탄로나기 쉬워요.

사건파일 X-FILE

베른하르트 작전

제2차 세계 대전 때 독일의 나치는 베른하르트 작전을 실행에 옮겼어요. 그것은 대량의 위조지폐를 만들어 영국과 미국에 뿌리려는 계획이었지요. 가짜 돈이 시중에 많이 돌아다니면 진짜 돈의 가치가 떨어져 영국과 미국의 경제가 흔들릴 것이라는 계산이었어요. 그래서 나치는 전문 위폐범 142명을 시켜 미국과 영국 지폐 수백만 장을 찍어 냈어요. 그런데 완벽한 위조지폐를 완성할 무렵에 그만 전쟁이 끝나고 말았어요. 나치는 위조지폐를 독일의 어느 호수에 갖다 버렸는데, 1950년대에 그것이 발견되었다고 해요!

불빛 아래로 지폐를 들어서 바라
보면, 워터마크(숨은 그림)가 잘
보여요.

지폐의 섬유

위폐 감식 전문가가 위조지
폐를 찾아내는 한 가지 방법은 섬
유 분석이에요. 미국 달러화의 종이는
천연 섬유와 인공 섬유를 섞어서 만들
어요. 그러면 보통 종이 섬유보다 강도
와 유연성이 훨씬 커져요. 대부분의 나
라에서는 한 제지 공장에서만 만든 면
섬유 종이를 사용하는데, 제지 공장마
다 사용하는 섬유가 조금씩 달라요. 예
를 들면, 섬유가 형광을 띠고 있어 자
외선을 비추면 어둠 속에서 빛이 나는
종이도 있어요. 또, 미국의 달러화에는
빨간색과 파란색 면섬유가 포함돼 있
어요. 그래서 섬유의 모양과 색을 살펴
보면, 그 지폐가 진짜인지 가짜인지 알
수 있어요.

위조하기 어려운 지폐

1달러짜리 지폐는 얼핏 보면 그냥 사각형 종
이에 여러 가지 그림과 문양이 인쇄돼 있는
것처럼 보여요. 그렇지만 거기에는 우리 눈
에 잘 띄지 않는 것들이 더 들어 있어요. 위
조를 막기 위해 다양한 보안 장치들을 첨가
해 놓은 것이지요. 은행에 근무하는 직원이
나 위폐 감식 전문가의 눈에는 그런 특징들
이 쉽게 눈에 띄어요. 만약 그런 특징들이 없
거나 잘못된 것이 들어 있다면, 그 지폐는 위
조된 게 틀림없어요.

위조를 막기 위해 지폐에 사용되는 보안 장치들은 다음과 같은 것들이 있어요.

워터마크는 종이 표면에 인쇄한 것이 아니라 종이 안쪽에 집어넣은 그림이에요. 그냥 볼 때에는 잘 보이지 않지만, 불빛 앞에 갖다 대고 보면 잘 보여요.

홀로그램은 특정 각도에서 바라볼 때 3차원 물체(예컨대 얼굴)를 닮은 문양이 나타나요. 홀로그램은 그냥 볼 때에는 원이나 다른 모양의 은박을 입혀 놓은 것처럼 보여요.

인쇄된 그림에는 아주 가늘고 정밀한 선들이 일부 포함돼 있는데, 이것들은 복사기나 스캐너로 복사하기가 어려워요. 복사를 하면 선이 흐릿하게 나타나기 때문에, 위조지폐라는 게 금방 들통나고 말아요.

현장체험

지폐의 보안 장치

여러 가지 지폐에 어떤 보안 장치들이 들어 있는지 살펴본 적이 있나요? 여러 나라의 지폐를 몇 가지 구하세요. 외국 여행을 한 친구나 친척에게 부탁하면 구할 수 있을 거예요. 이제 전기 스탠드와 확대경을 사용해 지폐들을 들여다보면서 섬유와 홀로그램, 워터마크를 비롯해 여러 가지 특징을 살펴보세요. 위조지폐범이 흉내 내기가 가장 힘든 특징은 무엇일까요?

101

일련번호도 위조를 방지하는 하나의 방법이에요. 각 지폐마다 고유한 일련번호가 찍혀 있어, 같은 일련번호를 가진 지폐가 발견되면 위조되었다는 걸 알 수 있어요.

위조지폐를 막기 위한 장치들

1996년부터 미국 재무부는 달러화 위조를 더 어렵게 하기 위해 보안 장치를 대폭 강화해 새로운 화폐들을 잇달아 내놓았어요. 2008년에는 5달러짜리 화폐를 새로 발행했어요.

볼록하게 인쇄된 진짜 지폐

미술가들이 5달러 지폐의 도안을 금속에 새겨 인쇄판을 만들었어요. 이 과정을 제판이라고 불러요. 인쇄판에 끈끈한 잉크를 묻힌 뒤, 잘 문질러 닦아 내면 잉크가 홈에만 남아 있게 됩니다. 그러면 인쇄기가 인쇄판을 종이 위에다 세게 누르는데, 인쇄판에서 잉크가 있는 홈 부분을 제외한 나머지 부분은 종이를 아래로 세게 밀어요. 그래서 잉크가 인쇄된 부분은 나머지 부분보다 볼록하게 튀어나와 있어요. 위조지폐는 진짜 지폐처럼 인쇄된 부분이 볼록하게 튀어나온 게 드물어요.

새로 나온 5달러짜리 지폐는 보통 사람들도 쉽게 알아볼 수 있는 특별한 보안 장치가 많이 있어요.

위조지폐에는 없는 가는 선

5달러짜리 지폐의 도안 중 일부 선은 아주 가늘어요. 너무 가늘어서 복사기나 스캐너가 그것을 별개의 선으로 인식하지 못해, 복사를 하면 흐릿하게 뭉개져서 나와요. 그리고 일부 선들은 확대경으로 봐야만 보이는 작은 글자들을 이루고 있어요. 예를 들면, 5달러짜리 지폐의 아래쪽에 있는 '5'에는 'USA FIVE'라는 글자가 인쇄돼 있어요.

색이 변하는 특수 잉크

5달러짜리 지폐는 초록색과 검은색 사이에서 색이 변하는 특수 잉크로 인쇄했어요. 잉크에 미세한 금속 가루를 섞으면 이렇게 만들 수 있어요. 금속 가루는 지폐를 바라보는 각도에 따라 빛을 서로 다르게 반사하여 다른 색깔이 나타나게 해요. 이 잉크를 만드는 재료는 오직 미국 재무부만이 구입할 수 있어요.

위조가 힘든 5달러

103

5달러짜리 지폐에는 가느다란 박이나 플라스틱 띠로 만든 은선이 종이 속에 묻혀 있어요. 은선들은 자외선을 비추면 파란색 빛을 내요. 은선들은 지폐의 종류에 따라 각각 다른 위치에 있기 때문에, 위폐범은 5달러짜리 지폐에서 '5'를 지우고, 그것을 '20'이란 은선으로 바꿀 수가 없어요. 설사 새로 숫자를 집어넣은 부분이 진짜처럼 보인다 하더라도, 은선의 위치 때문에 위조지폐라는 게 드러나고 말지요.

2008년, 워싱턴 D. C.에서
연방준비제도이사회의 간부가
5달러짜리 지폐를 새로 발행
했다고 발표했어요.

www.moneyfactory.gov/newmoney

가짜 동전을 찾아내는 감식기

전세계에서 매일 수십억 개의 동전이 사용되고 있어요. 그 중에는 더 이상 화폐로 쓰이진 않지만, 수집가들이 비싼 돈을 주고 수집하는 옛날 동전들도 많이 있어요. 그런데 새 동전이든 옛날 동전이든 그 중에는 가짜가 상당수 섞여 있어요.

동전 위조 방법

동전 위조는 새삼스러운 일이 아니에요. 초기의 동전은 금이나 은 같은 귀금속으로 만들었어요. 그래서 위폐범들은 값싼 금속 위에다 금이나 은을 얇게 씌우거나 다른 금속을 섞어서 진짜 동전처럼 보이게 만들었어요. 오늘날의 위폐범들은 진짜 동전에 새겨져 있는 그림과 글자를 그대로 베껴 주형을 만들어요. 그리고 주형 속에다 녹은 금속을 부어 위조 동전을 만들어요.

많은 사람들은 지폐와 달리 거스름돈으로 주고받는 동전에는 그다지 큰 신경을 쓰지 않아요. 그래서 위조 동전을 만들더라도 쉽게 들키지 않는 경우가 많아요.

현 장 정 보 INFORMATION

각기 다른 동전의 재료

동전은 종류에 따라 각각 다른 금속 재료를 사용해요. 예를 들면, 1센트짜리 동전은 97.5%가 아연이고, 그 위에 도금한 구리가 2.5%를 차지해요. 25센트짜리 동전은 91.67%가 구리이고, 그 위에 도금한 니켈이 8.33%예요. 이렇게 서로 다른 금속들을 혼합하여 만들었기 때문에, 동전들은 종류에 따라 색이 각각 달라요. 또, 크기와 무게도 동전의 종류에 따라 각각 달라요. 예를 들면, 25센트짜리 동전은 무게가 5.67g이고, 10센트짜리 동전은 2.268g이에요.

▲ 수집가들은 오래되고 희귀한 동전을 구하려고 많은 돈을 써요. 그 가격은 원래 사용되던 동전의 가치보다 훨씬 비쌀 때가 많아요.

위조 동전 찾아내기

위조 동전은 알아보기가 비교적 쉬워요. 주형을 사용해 만든 위조 동전은 녹은 금속이 식을 때 생긴 작은 공기 방울과 균열이 남아 있는 경우가 많아요. 압형으로 금속을 눌러 만든 동전은 도안이 정밀하지 않고, 위치도 중앙에서 벗어나는 경우가 많아요. 또, 동전 테두리에는 깔쭉깔쭉한 홈이 아주 작게 파여 있는데, 홈의 개수는 동전의 종류에 따라 제각각 달라요. 동전 테두리는 아주 좁기 때문에, 거기에 그런 홈을 파는 것은 무척 어려워요.

가짜 동전을 찾아내는 기계

오늘날의 표 판매기나 자동판매기는 가짜 동전을 자동적으로 식별할 수 있어요. 투입구에 넣은 동전은 전기장을 지나가게 돼 있어요. 그런데 정확한 크기에 정확한 종류의 금속으로 만들어진 동전만 전기를 알맞은 양만큼 통과시켜요. 두 번째 관문에서는 동전이 자석 앞으로 굴러가게 해요. 자석이 동전을 끌어당기기 때문에 동전은 속도가 느려지지요. 이때, 감지기가 속도 변화를 측정하는데, 동전의 종류에 따라 속도가 변하는 정도가 각각 달라요. 위조 동전은 대개 이 두 가지 관문 중 하나에 걸리게 마련이에요.

위험한 위조 의약품

죄자들은 위조 의약품도 만들어 팔아요. 세계보건기구(WHO)에 따르면, 전세계에서 유통되는 의약품 중 약 10분의 1이 위조된 것이라고 해요. 위조 의약품은 병을 낫게 하는 게 아니라 더 악화시키거나 심지어는 목숨까지 위협하기 때문에 위험해요. 설사 진짜 약과 비슷하게 만들었다 하더라도, 효과가 떨어지기 때문에 병이 잘 낫지 않아요.

죽음으로 몰고간 위조 의약품

위조 의약품은 에이즈에서부터 말라리아에 이르기까지 온갖 질병의 치료약이 다 있어요. 세계보건기구(WHO)는 말라리아로 사망한 환자 100만 명 중 20%는 진짜 약을 복용했더라면 죽음을 피할 수 있었다고 발표한 바 있어요. 그 밖에도 가짜 항생제, 결핵 치료제, 에이즈 치료제, 일본뇌염 백신 등 1만여 종의 가짜 의약품 때문에 연간 약 20만 명이 사망하고 있어요.

효과 없는 약

의약품에서 치료 효과를 내는 주요 성분을 '유효 성분'이라고 해요. 위조 의약품에는 값비싼 유효 성분이 적게 들어 있거나 전혀 들어 있지 않지만, 소비자는 진짜 약

◀ 화학자가 위조 의약품 시료를 가지고 현미경으로 어떤 화학 물질들이 섞여 있는지 살펴보고 있어요.

인터넷은 위조 의약품을 팔아먹기에 아주 좋은 시장이에요. 인터넷을 통해 가짜 약을 파는 사람은 추적하기가 더 힘들어요.

인 줄 알고 비싼 돈을 주고 사요. 그런데 가짜 약에 유효 성분이 너무 적게 들어 있다면, 치료하는 데 아무 효과가 없어요.

위조 의약품 식별하는 방법

과학 수사대의 화학자는 위조 의약품을 만드는 데 어떤 성분들이 사용되었는지 알아냅니다. 그러려면 분광기 같은 실험 장비를 사용해 많은 화학 실험을 해야 해요. 약에 들어 있는 화학 물질들이 전기와 열, 빛에 어떤 반응을 보이는지 관찰하고 측정하는 것도 필요해요. 또, 다른 화학 물질을 섞어 유효 성분과 어떤 반응이 일어나는지도 살펴보아요. 그 결과는 종종 색깔이나 무게 변화로 나타납니다.

사 건 파 일 X-FILE

꽃가루로 적발한 위조 의약품

2006년, 중국 정부 당국은 중국 남부에서 가짜 항말라리아제를 팔던 남자를 붙잡았어요. 과학 수사대의 화학자들은 동남아시아 지역의 여러 약국에서 판매되는 항말라리아제를 구입해 분석해 보았어요. 그랬더니 전체 시료 중 38%는 유효 성분인 아르테수네이트가 전혀 들어 있지 않았어요. 그리고 대부분은 말라리아 치료에 거의 효과가 없었어요. 과학자들은 정제에 극소량 섞여 있는 꽃가루가 중국 남부에서 자라는 식물에서 나온 것이란 사실을 알아냈어요. 그것을 단서로 위조 의약품을 만들던 공장을 찾아낼 수 있었어요.

값비싼 가짜 사치품

많은 사람들은 보석이나 향수, 명품 옷과 가방 등 사치품을 사는 걸 좋아해요. 명품을 사는 데에는 많은 돈을 아끼지 않는 사람들도 있어요. 그런데 명품을 좋아하는 사람들의 심리를 노려 값싼 모조품을 만들어 진품인 것처럼 파는 사람들이 있어요. 모조품을 찾아내고, 그것을 만든 사람을 붙잡는 데에는 전문가의 도움이 필요해요.

108

가짜 향수 만들기

진짜 향수는 향수 제조 전문가가 만들어요. 보통 수백 가지의 향을 섞어 독특한 향을 내는 향수를 만들지요. 그런데 모조품을 만드는 사람들은 엉뚱한 성분으로 향수를 만들어요. 예를 들면, 연못 물과 염소 오줌이 섞인 가짜 향수도 발견된 적이 있어요! 이 불쾌한 성분들은 사향 비슷한 냄새를 내게 할 목적으로 섞은 것이라고 해요. 모조품에 사람의 건강에 해로운 성분을 섞으면 더 큰 문제가 발생할 수 있어요. 가짜 향수에 섞인 일부 성분은 피부에 발진을 일으키기도 해요.

◀ 화학자는 실험을 통해 어떤 향수에 들어 있는 성분들이 진짜 향수 성분들과 같은지 알아낼 수 있어요.

전자 코

실험실에서 향수를 분석하는 데에는 대개 시간이 많이 걸려요. 그런데 브라질의 한 과학자가 향수를 단 2분 만에 분석할 수 있는 장비를 개발했어요. 이 휴대용 장비는 진짜 향수의 화학적 지문을 가짜 향수의 화학적 지문과 비교해요. 화학적 지문은 향수를 만드는 데 사용된 여러 가지 성분의 비율을 나타낸 것인데, 같은 향수라면 화학적 지문도 모두 똑같아야 하지요. 그렇지만 가짜 향수는 화학적 지문이 다르므로, 가짜라는 게 들통 나고 말아요.

거리에서 명품 시계를 아주 싼 값에 파는 사람들이 있어요. 그렇지만 그런 물건은 대부분 가짜인 경우가 많아요.

가짜 향수 식별하는 방법

어떤 가짜 향수는 쉽게 식별할 수 있어요. 허술하게 인쇄된 포장지에 들어 있는 경우가 많고, 유명한 상점이 아니라 길거리에서 파는 경우가 많아요. 그렇지만 진짜인 것처럼 잘 포장해 파는 것도 많아요. 가짜 제품을 막기 위해 일부 향수 회사는 포장지 라벨에 작은 입자들을 집어 넣기도 해요. 그 입자들은 현미경으로 보면 확인할 수 있으므로, 진품인지 모조품인지 가릴 수 있지요. 그렇지만 가짜 향수 중에는 전문가가 그 성분을 분석해야만 가짜라는 걸 알 수 있는 것도 있어요. 한 가지 방법은 향수를 가열하는 거예요. 향수에 들어 있는 여러 가지 성분들은 끓으면서 증발하는 온도가 제각각 달라요. 이렇게 증발한 증기들을 식혀서 액체 상태로 만든 뒤에 그 성분을 분석하지요.

진짜 보석 감정하는 방법

가짜 보석 제품을 만드는 사람들은 단단한 플라스틱이나 유리를 기계로 깎아 다이아몬드나 에메랄드 같은 보석처럼 보이게 만들어요. 또, 값싼 돌 위에 진짜 보석을 얇게 붙여 가짜 보석을 만들기도 해요. 보석 감정가는 다양한 방법으로 보석을 감정해요. 예를 들면, 진짜 다이아몬드는 다른 다이아몬드나 다이아몬드를 입힌 날 외에 다른 것으로 긁어도 흠이 나지 않아요.

가짜 명품들

가짜 의류와 핸드백, 신발 등이 시장과 인터넷, 심지어 큰 상점에서도 버젓이 팔리고 있어요. 이런 제품들은 아디다스나 나이키 같은 유명 스포츠 제품, 또는 샤넬이나 구찌 같은 명품 디자인 제품을 모방해 만든 것이에요. 이런 모조품들이 활개를 치는 것은 사람들이 유명 제품의 상표나 로고, 디자인을 좋아하고 찾기 때문이에요.

110

진짜가 된 가짜 운동화

2003년 7월, 경찰은 베트남 호치민 시의 신발 제조 공장들에서 트럭 25대분의 나이키와 아디다스 운동화 부품을 압수했어요. 나이키 사에서 제공한 비밀 정보를 바탕으로 수사에 착수한 베트남 경찰은 가짜 제품을 만드는 사람들을 찾아냈어요. 진짜 나이키 공장에서 일하던 사람들이 결함이 있는 신발 부품을 밖으로 빼돌려 이 공장들에 팔았던 거예요. 그러면 공장들에서는 결함이 있는 부품들을 수선하거나 보이지 않게 하여 모조품을 만들어 다른 나라로 수출했어요.

모조품을 만들어 파는 사람들은 패션쇼가 끝나자마자 유명 디자이너의 옷을 모방한 제품을 만들어요.

 전문 보석 감정가는 루페라고 부르는 작은 돋보기로 살펴보면서 보석이 진짜인지 가짜인지 가려내요.

가짜 의류 중에는 질이 낮은 제품을 대량 생산해 가짜 상표만 붙인 것도 있고, 진짜와 아주 비슷하게 만든 것도 있어요. 유명 제품과 비슷하게 만들어 다른 상표를 붙여 파는 경우도 있어요. 예를 들면, 값비싼 바바리코트의 체크무늬 디자인을 모방한 제품들도 있어요.

그런데 시중에 팔리는 모조품 중에는 진품도 일부 섞여 있어요! 거리에서 싼 값으로 팔리는 명품 핸드백 중에는 진짜 공장에서 똑같은 재료와 디자인을 사용해 만들어진 것도 있어요. 범죄자들이 공장에서 일하는 사람에게 뇌물을 주고 싼 가격으로 물건을 빼돌린 뒤에, 시중에서 비싸게 파는 것이지요.

현장체험

상표의 허점

집이나 근처 상점에서 명품 의류나 향수, 신발 몇 가지를 살펴보세요. 여러분은 그 제품들이 진짜인지 가짜인지 가려 낼 수 있나요? 모조품은 상표가 허술한 경우가 많아요. 쉽게 붙일 수 있는 접착식 상표나, 표기가 잘못되거나 생산지가 표시되지 않은 상표는 그 제품이 가짜라는 걸 말해 주지요.

불법 복제물을 구별하는 방법

저작권자의 허락 없이 불법으로 복제되어 유통되는 서적이나 CD, DVD 따위를 해적판이라고 해요. 해적판은 인터넷이나 우편 주문 판매, 거리의 행상을 통해 널리 유통되고 있어요. 많은 사람들은 값싸게 산 해적판 DVD나 CD로 새 영화를 보거나 최신 음악을 듣는 걸 좋아해요. 그렇지만 이것은 불법이에요. 전 세계에서 한 해에 범죄자들이 음악을 불법 복제해 벌어들이는 돈은 46억 달러를 넘는다고 해요.

112

사면 안되는 디스크

사람들이 음악 CD나 영화 DVD를 살 때마다 지불한 돈 중 일부는 저작권자에게 저작권료로 돌아갑니다. 그런데 해적판은 사더라도 저작권자에게 저작권료가 돌아가지 않을 뿐만 아니라, 그 때문에 정품이 덜 팔리게 되지요. 정품을 파는 가게들도 손해를 보게 되

◀ 해적판 CD는 정품보다 값이 싸지만, 품질이 크게 떨어지는 경우가 많아요.

어요. 매년 전 세계의 회사들과 상점들이 불법 복제 소프트웨어 때문에 입는 손실은 110억~120억 달러에 이르러요. 특히 중국과 베트남에서 불법 복제 디스크가 많이 제작되고 있어요.

다양한 불법 복제물

범죄자는 다양한 경로를 통해 해적판 DVD 제작에 필요한 데이터를 손에 넣어요. 영화 스튜디오나 소프트웨어 회사에 근무하는 사람들에게서 원본 복제품을 입수할 수도 있어요. 인터넷의 파일 공유 사이트에서 파일을 다운로드 받는 방법도 있어요. 또, 원본을 불법적으로 복제하기도 해요. 해적판 DVD 중에는 심지어 극장에서 캠코더로 녹화한 것도 있어요!

해적판 식별하는 방법

대부분의 해적판은 쉽게 알아볼 수 있어요. 포장지 인쇄 상태가 나쁘거나 철자가 틀린 것도 있어요. 품질 또한 떨어지게 마련이어서 화상이 흐릿하거나 음질이 나쁘고, 엉뚱한 언어로 녹음돼 있기도 해요. 음반 회사는 불법 복제를 막으려고 DVD에 암호 정보를 집어넣기도 하지만, 그래도 불법 복제를 완전히 막지는 못해요.

정품보다 먼저 나온 윈도 95

2002년 2월, 28세의 존 샹커스는 '드링크오어다이(DrinkorDie)'라는 국제 불법 소프트웨어 복제 단체를 이끈 혐의로 3년 10개월 형을 선고받았어요. 미국, 오스트레일리아, 노르웨이를 비롯해 여러 나라에서 60여 명이 가담한 이 단체는 컴퓨터 소프트웨어를 불법으로 복제해 배포했어요. 심지어 마이크로소프트 사의 윈도 95 정품이 출시되기 2주일 전에 복제품을 인터넷에 퍼뜨리기까지 했어요.

범죄자는 진짜 소프트웨어를 공 디스크에 구워 만든 해적판을 팔아 큰 이익을 챙겨요.

가짜 부품으로 인한 사고 예방

많은 기계 부품은 닳아서 성능이 떨어지면 교체해야 해요. 그런 부품에는 전지, 전구, 메모리 카드, 타이어, 자동차 유리창 등이 있어요. 그런데 범죄자들은 정품 대신에 값싼 불법 부품들을 만들어 팔아요. 자동차 제조 회사들은 이런 불법 부품들 때문에 한 해 동안 입는 손해가 약 120억 달러에 이른다고 추정해요. 이것은 자동차 산업에서 약 20만 명의 노동자를 새로 고용할 수 있는 액수에 해당해요!

자동차에 불법 부품을 사용하는 것은 아주 위험해요. 불법 부품은 성능이 떨어지기 때문에 사고를 낳을 수 있거든요.

불법 부품의 유혹

많은 회사나 개인은 교환 부품이 필요할 때, 정품을 구할 때까지 마냥 기다릴 수가 없어요. 예를 들어 타이어가 펑크 난 트럭이 새 타이어를 구하지 못해 운행을 할 수 없다면, 운송 회사는 물건을 실어 나르지 못해 손해를 보게 되어요. 이럴 때 정품 타이어처럼 보이는 불법 타이어를 값싸게 팔면, 소비자들은 거기에 혹해 구입하게 되지요.

위험한 모조품

모조품은 정품과 비슷해 보이지만, 제대로 작동하지 않거나 위험할 수 있

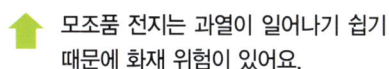

현 장 정 보 INFORMATION

위험한 전지

전지는 화학 물질의 반응을 이용해 전기를 생산하는 장치예요. 모조품 전지를 만드는 사람들은 값싼 화학 물질을 사용해요. 이렇게 만든 전지는 전기를 생산하긴 하지만, 열이 많이 발생해요. 전지가 과열되면 휴대 전화와 MP3 플레이어를 비롯해 전지로 움직이는 기기의 부품에 나쁜 영향을 미쳐요. 과열 때문에 기기가 고장을 일으키기도 하고, 심지어는 폭발하기까지 해요!

모조품 전지는 과열이 일어나기 쉽기 때문에 화재 위험이 있어요.

어요. 때로는 포장지를 자세히 살펴보는 것만으로도 모조품을 가려낼 수 있어요. 그렇지만 사용하다가 고장이나 사고가 일어난 다음에야 모조품이라는 걸 알 수도 있어요. 예를 들면, 불법 브레이크 패드를 사용한 것 때문에 자동차 화재 사고가 발생한 적이 있었어요. 정품 브레이크 패드는 금속 가루가 코팅돼 있어 그것이 바퀴 안에 있는 원판과 마찰을 일으켜 차의 속도를 늦추어 주어요. 그런데 사고 차량의 브레이크 패드는 톱밥과 풀로 코팅한 다음, 스프레이를 뿌려 금속처럼 보이게 했어요. 브레이크를 밟을 때 발생한 열 때문에 불이 났고, 그 바람에 운전자는 충돌 사고를 일으키고 말았지요.

사 건 파 일 X-FILE

하늘에도 가짜가!

1970년대 후반에 비행기 부품 중에서도 가짜 부품이 발견되었어요! 그 부품은 보잉 727기와 737기에서 착륙 장치를 접어 넣거나 꺼낼 때 쓰는 펌프였어요. 모조품 펌프는 순수한 크롬 대신에 강철에 크롬을 코팅해 만든 것이었어요. 크롬은 녹이 슬지 않지만, 강철은 녹이 슬어요. 만약 이 모조품 펌프를 사용했더라면, 얼마 지나지 않아 크롬이 벗겨져 나가고, 그 밑에 있는 금속은 녹이 슬었을 거예요. 착륙 장치를 움직이는 펌프가 제대로 작동하지 않는다면, 비행기는 착륙할 때 사고가 나고 말겠지요.

과학으로 찾아내는 위조 미술품

유명한 미술가의 작품은 수십억 원, 수백억 원에 거래되기도 해요. 그래서 범죄자들은 재능 있는 미술가에게 부탁해 유명한 그림이나 조각 작품을 흉내 내 만들게 해요. 만약 전문가들조차 위조된 작품에 속아 넘어가 그 작품이 비싼 가격에 팔린다면, 범죄자들은 큰돈을 벌 수 있어요. 미술품 감정 전문가들과 과학 수사관들은 전문 지식을 사용해 가짜 작품을 가려내고, 범죄자들을 찾아내요.

2008년, 런던의 소더비 경매소에서는 피카소의 작품 한 점이 경매에 나왔어요. 미술 전문가들은 경매 시장에서 거래되는 작품 10개 중 한두 개는 위조품이라고 주장해요.

정고하게 위조된 미술품

거래되는 미술 위조품은 종류가 아주 다양해요. 일부 위조품은 진품을 서투르게 모방해 만든 것이에요. 그렇지만 유명한 작품을 아주 정교하게 위조한 것도 있어요. 위조품을 만드는 사람들은 위조품이 아주 오래된 것처럼 보이게 하려고 여러 가지 방법을 사용해요. 예를 들면, 낡은 캔버스에 그림을 그리거나 나무틀에 곤충이 판 것 같은 구멍을 뚫기도 해요. 그림을 낡아 보이게 하려고 산과 같은 화학 물질을 사용하기도 해요.

위조품의 허점

미술품 감정 전문가들은 미술가들에 대한 전문 지식을 활용해 위조품을 찾아냅니다. 일부 유명한 화가는 자기만의 독특한 화법이 있어요. 그리고 오늘날의 도구로 만든 조각품은 옛날 도구로 만든 조각품과는 다른 흔적이 남아요. 전문가들은 그림의 역사도 자세히 연구해요. 또, 미술품 거래가 이루어질 때마다 남긴 경매소 기록도 꼼꼼히 살펴보지요.

물감으로 알 수 있는 위조품

미술품 감정 전문가는 물감이나 돌, 캔버스, 종이 등 미술품에 사용된 재료 일부를 떼 내어 자세히 분석해요.

현 장 정 보 INFORMATION

재료 분석

주사 전자 현미경은 전자라는 아주 작은 입자를 물감 같은 시료 표면에다 발사해요. 그러면 전자가 시료 중의 화학 물질에 충돌하면서 어떤 신호가 발생해요. 감지기가 그 신호를 포착해 화면에 화상으로 나타내지요. 화학 물질의 종류에 따라 다른 신호가 나오기 때문에, 화상을 분석하면 시료 중에 어떤 화학 물질들이 들어 있는지 알 수 있어요.

117

미술품 감정 전문가가 미술품에서 물감 시료를 떼 내고 있어요. 물감의 성분은 시대의 흐름과 함께 변해 왔기 때문에, 이것을 분석하면 위조 여부를 알 수 있는 경우가 많아요.

보이지 않는 그림

그림을 X선으로 촬영할 때에는 그림 뒤에 필름을 놓고 캔버스에다 X선을 발사해요. X선은 캔버스에 칠해진 물감의 두께에 따라 통과하는 정도가 달라요. 그래서 캔버스에 칠해진 물감의 두께들을 보여 주는 화상이 필름에 나타납니다. X선 사진은 화가의 서명이나 그림 밑에 숨어 있는 스케치, 지문까지도 보여 줍니다.

세계의 주요 미술관에 있는 실험실에서는 X선 분석을 사용해 작품의 진위를 가려요.

118

시료에 들어 있는 화학 물질의 종류와 오래된 정도는 주사 전자 현미경을 사용해 분석할 수 있어요. 미술가가 사용하는 물감 같은 재료들은 시대에 따라 그 성분이 변해 왔어요. 옛날 화가는 그 시대에 구할 수 있었던 재료만 사용할 수 있었지요. 예를 들어 중세 때 만들어진 것으로 보이는 작품에 프러시안블루 물감이 사용되었다면, 그것은 위조품이 틀림없어요. 프러시안블루 물감은 중세가 끝난 지 200년도 더 지난 1704년에 가서야 만들어졌기 때문이지요.

그림 속의 감춰진 사실

옛날 그림들 중에는 이전에 사용한 캔버스나 나무틀 위에 그려진 것이 많아요. 옛날에는 이런 재료들이 아주 비싸거나 희귀했기 때문이지요. 심지어는 먼저 그린 그림 위에 덧칠을 해 그림을 그린 경우도 있어요. X선 촬영을 이용하면, 그림을 전혀 훼손하지 않고도 그 밑에 그려진 그림들을 볼 수 있어요. 이것은 그 그림이 진품인지 확인하는 데 큰 도움을 주지요. 얼마 전엔 파블로 피카소가 19세기에 그린 것으로 보이는 그림이 한 점 발견되었어요.

과학자들은 분석 결과, 그 그림이 추상화 스타일의 다른 그림 위에 그려진 것이란 사실을 알아냈어요. 그래서 그 그림은 위조품으로 드러났는데, 추상화는 20세기 이전에는 그려지지 않았기 때문이지요.

전문가들도 헷갈리는 감정 작업

위조된 미술 작품을 가려내는 것은 무척 힘든 일이에요. 예를 들면, 프랑스 화가 장 코로와 미국 화가 앤디 워홀은 다른 사람들에게 작품을 그리게 한 뒤에 거기에 자필 서명을 하기도 했어요. 또, 그림은 세월이 지나면 손상되거나 더러워져요. 그런데 그것을 깨끗하게 복원하는 과정에서 일부가 추가되거나 삭제되기도 해요. 감정 전문가는 이것을 보고 나머지 그림은 진품인데도 불구하고 가짜라고 판정을 내릴 수 있어요. 실제로 위조품으로 알려졌던 작품이 나중에 더 나은 분석 방법을 통해 진품으로 드러난 경우도 있어요.

가족이 만들어낸 범죄

1997년, 시카고 미술관은 작은 조각 작품을 12만 5000달러에 구입했어요. 전문가들은 그 작품이 프랑스의 유명한 미술가 폴 고갱이 만든 것이라고 말했어요. 그러나 나중에 그것은 위조 전문가가 만든 것으로 밝혀졌어요. 그것은 세 가족이 함께 만든 많은 위조품 중 하나였어요. 영국 볼턴에 살던 그린할그 가족은 전 세계의 미술관과 화랑에 174만 달러어치의 위조품을 팔아 왔어요. 이들의 범죄는 한 미술관 직원이 오래된 석판에 새겨진 철자가 틀린 것을 발견하면서 드러났어요. 법의학자들은 그 석판의 유통 경로를 추적하여 그린할그 가족이 범인이라는 것을 밝혀냈지요. 숀 그린할그는 사기 혐의로 2006년에 교도소에 수감되었어요.

119

숀 그린할그(왼쪽)는 부모인 조지 그린할그(가운데)와 올리브 그린할그(오른쪽)의 도움을 받아 오랫동안 예술계를 감쪽같이 속여 왔어요.

역사상 최고의 미술품 위조범

네덜란드의 한 판 메이헤런은 역사상 최고의 미술품 위조범이에요. 그는 17세기의 유명한 네덜란드 화가 요하네스 페르메이르의 작품을 흉내 내어 그림을 그렸어요. 이렇게 그린 가짜 페르메이르의 그림들을 20세기 중반에 비싼 값에 팔았지요. 그는 이 그림이 최근에 발견된 진품이라고 주장했어요. 많은 전문가가 속아 넘어갔는데, 판 메이헤런이 그림을 너무나도 감쪽같이 그렸고, 위조 작품을 오래된 것처럼 잘 꾸몄기 때문이에요.

판 메이헤런이 위조한 그림(아래)은 페르메이르의 작품(왼쪽)을 똑같이 베낀 것은 아니지만, 그의 화법을 비슷하게 모방했어요.

전문 위조범의 솜씨

판 메이헤런이 가짜 그림을 만드는 데 사용한 방법은 다음과 같아요.

캔버스

진짜 17세기 그림을 사들여 속돌과 물로 물감을 지워 냈어요.

붓과 물감

17세기에 사용하던 재료들을 사용해 직접 물감을 만들었어요. 그리고 페르메이르가 사용한 것과 비슷한 오소리 털로 만든 붓을 사용했어요.

균열

캔버스에 그림을 그린 뒤에는 화학 물질을 사용해 물감을 말리고, 불에 구워 딱딱하게 말렸어요. 그리고 캔버스를 돌돌 말아 그림에 균열이 생기게 했어요.

연구

역사학자들은 페르메이르가 미술을 공부하기 위해 이탈리아로 여행한 사실을 알고 있었어요. 판 메이헤런은 거기에 착안해 카라바조 같은 17세기의 이탈리아 화가들이 주로 사용한 주제로 그림을 그렸어요.

한 판 메이헤런은 미술품 위조 혐의로 징역 2년형을 선고받았지만, 건강이 나빠 교도소에 수감되기도 전에 죽고 말았어요.

전문 위조범의 실수

미술품 거래상들은 새로 나온 페르메이르의 작품에 대해 의심을 품었어요. 옛날의 위대한 화가가 그린 그림이 갑자기 많이 쏟아져 나오는 건 이상한 일이었거든요. 얼마 후, 전문 감정가들은 〈최후의 만찬〉이라는 위작에서 판 메이헤런이 저지른 실수를 발견했어요. X선으로 촬영해 보았더니, 그림 밑에 사냥 장면이 그려져 있었어요. 그렇지만 페르메이르는 살아 있을 때 사냥 장면을 그린 적이 단 한 번도 없었어요. 판 메이헤런은 낡은 캔버스에 그려져 있는 그림을 완전히 지우지 않고, 그 위에 그림을 그렸던 것이지요.

과학자가 밝혀낸 역사 조작 범죄

역사적인 인공 유물도 위조될 수 있어요. 오래된 책이나 지도, 악보 같은 것도 위조될 수 있어요. 중세 이후로 종교적 유물 중에서 가짜로 판명된 게 많이 나왔어요. 이런 물건들이 만약 진품이라면 무척 흥미롭고 가치 있기 때문에, 전문가들은 다양한 기술들을 동원해 진위 여부를 가리려고 애쓰지요.

122

'히틀러의 일기'를 위조한 콘라트 쿠야우(아래)와 그것을 팔도록 도와 준 기자는 그 일기가 가짜라는 게 들통 난 뒤에 구속되었어요.

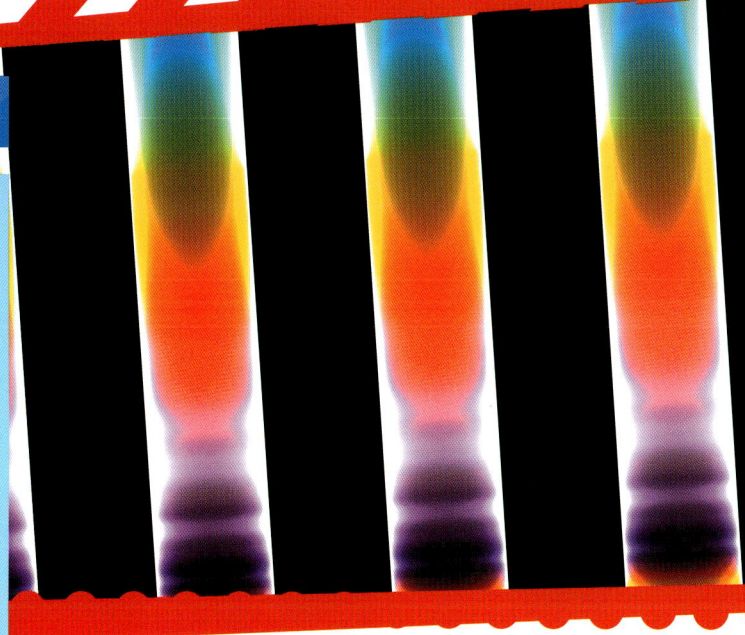

히틀러의 일기

역사상 유명한 위조 사건 중 하나는 제 2차 세계 대전을 일으킨 나치 지도자 아돌프 히틀러의 일기를 위조한 사건이에요. 1981년, 독일의 한 신문사는 20억 원이 넘는 돈을 지불하고 히틀러의 일기를 구했어요. 1983년, 독일 경찰은 전문가들의 도움을 받아 그 일기를 자세히 감정했어요. 그런데 일기장 종이를 분석한 결과, 히틀러가 사망한 후에 사용하기 시작한 화학 물질과 섬유가 발견되었어요. 또, 크로마토그래피 분석 결과에서도 히틀러가 살아 있을 때에는 사용되지 않았던 잉크가 네 종류 나왔어요. 잉크를 더 자세히 분석한 결과, 그 일기는 불과 몇 년 전에 만들어진 것으로 드러났어요.

서명을 위조한 사건을 다룰 때 경찰은 서명의 위조 여부를 가리는 데 크로마토그래피를 이용해요.

123

잉크로 알 수 있는 연대

크로마토그래피는 화학 물질들을 성분별로 분리하는 방법이에요. 잉크는 여러 가지 색깔의 색소로 이루어져 있어요. 각각의 색소를 분리하려면, 우선 잉크를 종이에다 묻힌 다음, 종이 끝을 용매에 담가요. 그러면 종이에 흡수되어 지나가는 용매에 각각의 색소가 녹으면서 이동하는데, 성분에 따라 이동하는 속도가 각각 달라요. 색소 이외의 성분들은 자외선이나 적외선으로 볼 수 있어요. 전문가들은 이런 방법으로 찾아낸 사실을 바탕으로, 사용된 펜의 종류나 글자를 쓴 연대를 알아내요.

현장체험

크로마토그래피

여러 색깔의 수성 펜으로 종이 타월의 중간 부분에 X자 몇 개를 나란히 그리세요. 물이 조금 담긴 높은 그릇에 종이 타월을 밑 부분이 물에 살짝 잠기게 하여 걸쳐 놓으세요. 그러면 물이 종이에 흡수되어 위로 올라올 거예요. 잉크 성분도 물에 녹아 함께 위로 이동하면서 X자 근처에 여러 가지 색의 반점들이 나타날 거예요. 그런데 어떤 색깔 성분은 다른 색깔 성분들보다 더 빨리 이동해요. 그래서 어떤 반점은 X자 근처에 머물러 있는 반면, 어떤 반점은 많이 이동해요.

발견 당시 빈란드 지도는 아주 중요한 증거물이었어요. 이 지도가 1492년에 콜럼버스가 신세계를 발견하기 50년 전에 이미 유럽 인이 북아메리카를 발견했음을 보여 주는 증거라고 생각했거든요.

빈란드 지도를 둘러싼 의문

1957년에 발견된 빈란드 지도는 제작 연대가 1440년으로 적혀 있었어요. 그것은 지금까지 발견된 것 중 가장 오래된 북아메리카 지도였어요. 전문가들도 이 지도의 진위를 놓고 의견이 엇갈리지만, 다양한 방법으로 지도의 제작 연대를 조사해 보았어요. 지도에 사용된 잉크를 조사해 보았더니 이산화티탄의 흔적이 발견되었는데, 이산화티탄이 잉크에 사용된 것은 1920년대 이후부터였어요. 이것은 이 지도가 현대에 위조된 것임을 말해 주어요. 2002년에는 방사성 탄소 연대 측정법으로 지도의 종이 연대를 측정해 보았더니, 15세기의 것으로 밝혀졌어요. 그렇지만 옛날 종이를 구해 거기다 지도를 그렸을 가능성도 있기 때문에, 이것은 결정적인 증거가 될 수가 없어요.

오래된 지도의 위조

지도 감정 전문가는 지도에 관한 전문 지식을 활용해 오래된 지도가 위조된 것인지 아닌지 가려 내요. 옛날 지도는 동판이나 목판을 새겨 거기다가 잉크를 묻히고 한 번에 한 장씩 일일이 손으로 찍어 냈어요. 그리고 손으로 색을 칠하기도 했기 때문에, 붓질을 한 흔적이 남아 있어요. 오래된 지도의 위조 여부를 쉽게 알아볼 수 있는 한 가지 방법은 확대경으로 자세히 들여다보는 거예요.

옛날 지도에 사용된 물감은 재료가 달라요. 예를 들면, 중세 때 만든 지도는 철 성분을 기본으로 한 잉크로 색칠을 했어요. 철은 시간이 지나면 산화되기 때문에 노란색이나 갈색 얼룩이 생겨요. 초록색 잉크는 흔히 구리 성분을 섞어 만들었는데, 이런 잉크는 부식성이 있어 종이를 손상시킬 수 있어요.

연대를 측정하는 방법

방사성 탄소 연대 측정법(오른쪽 박스 참고)은 어떤 물건이 얼마나 오래되었는지, 혹은 어떤 생물이 죽은 지 얼마나 되었는지 정확하게 알아내는 방법이에요. 그런데 이 방법은 동물과 식물처럼 한때 살아 있었던 물건에만 쓸 수 있어요. 측정에 쓰이는 탄소-14는 살아 있는 생물의 몸에만 들어 있기 때문이지요. 그래서 금속 같은 물질은 이 방법으로 연대를 측정할 수 없어요. 종이 위에 그린 지도도 이 방법으로 연대를 측정할 수 있는데, 종이도 한때 살아 있던 나무로 만든 것이기 때문이에요.

현 장 정 보 INFORMATION

방사성 탄소 연대 측정법의 원리

모든 생물의 몸에 들어 있는 전체 탄소 중에는 탄소-14라는 방사성 원소가 극소량 포함돼 있어요. 그런데 그 생물이 죽고 나면, 탄소-14는 조금씩 사라져 그 양이 점점 줄어들어요. 탄소-14는 5730±40년이 지날 때마다 그 양이 절반으로 줄어들어요. 따라서 고지도의 종이에 포함돼 있는 탄소-14의 양을 측정해 원래 있었던 양과 비교하면 시간이 얼마나 흘렀는지 정확하게 계산할 수 있어요.

125

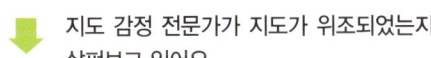

지도 감정 전문가가 지도가 위조되었는지 살펴보고 있어요.

토리노 수의를 둘러싼 수수께끼

일부 기독교인은 토리노 수의가 예수가 죽을 때 걸쳤던 천이라고 믿어요. 이 수의에는 십자가에 못 박힌 남자의 모습이 희미하게 새겨져 있는데, 일부 기독교인은 이것을 예수의 모습이라고 주장해요. 이 형상이 천에 찍힌 방법은 여러 가지를 생각할 수 있어요. 그림을 그려 넣은 것일 수도 있고, 피나 땀이 스며들어 생겼을 수도 있어요. 토리노 수의가 진짜인지 가짜인지 가려 낼 수 있는 한 가지 방법은 그 천이 얼마나 오래되었는지 측정하는 것이에요. 과학자들은 토리노 수의가 정말로 약 2000년 전의 것임을 입증할 수 있을까요?

1_ 1988년, 세 대학 연구소는 토리노 수의에서 잘라 낸 조각을 방사성 탄소 연대 측정법으로 조사해 보았어요. 그리고 세 연구소 모두 천이 1260년에서 1390년 사이에 만들어졌다는 결과를 얻었어요. 즉, 예수가 죽은 지 1000년도 더 지난 뒤에 만들어진 것이지요.

2_ 1993년, 텍사스보건과학센터대학의 스티븐 매팅리는 1988년의 방사성 탄소 연대 측정 결과는 잘못된 것일 수도 있다고 주장했어요. 시료로 쓰인 천이 세균에 오염되었기 때문이라는 것이었어요. 천을 만진 사람들이 거기에 세균을 남겼을 수 있어요. 세균은 탄소-14의 양을 늘려 천의 나이를 줄이는 결과를 낳을 수 있어요.

3_ 러시아 과학자 드미트리 쿠즈네초프와 캐나다 출신의 미국 물리학자 존 잭슨도 1988년의 방사성 탄소 연대 측정이 잘못되었다고 주장했어요. 두 사람은 1532년에 화재가 났을 때

토리노 수의의 탄소 함량이 변했을 가능성이 있다고 주장했어요. 연기 때문에 천이 일산화탄소에 오염되었을 가능성이 있어요.

4_ 2005년, 미국 화학자 레이먼드 로저스는 방사성 탄소 연대 측정에 쓰인 시료가 원래의 토리노 수의에서 나온 게 아니라, 중세 때 수의를 수선할 때 덧붙인 천 조각이라고 주장했어요.

5_ 2008년, 옥스퍼드 대학의 크리스토퍼 램지 교수는 수의에서 잘라 낸 일부 시료를 가지고 분석한 결과, 연기에 오염되었다는 사실을 확인했어요. 앞으로 추가로 실험이 더 이루어지면, 토리노 수의를 둘러싼 수수께끼가 머지않아 풀릴지도 몰라요.

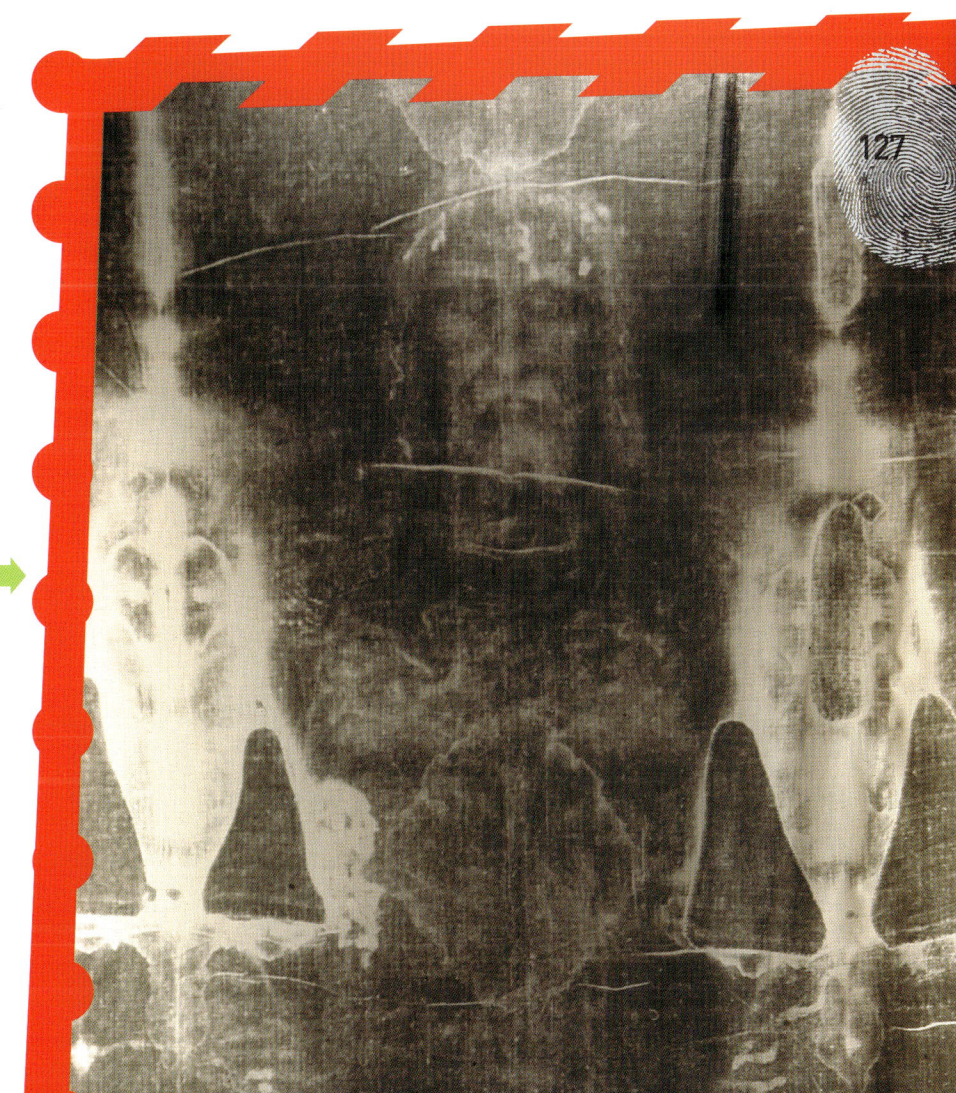

토리노 수의는 14세기에 프랑스에서 발견되었어요. 1578년부터 이 수의는 이탈리아 토리노에 있는 성당에 안전하게 보관되어 왔어요. 일반 대중에게 공개하는 일은 아주 드문데, 빛에 노출되면 분해가 더 빨리 일어날 수 있기 때문이에요.

127

개인 정보를 악용하는 범죄

사람들은 자신의 신분을 증명해야 할 때가 종종 있어요. 해외 여행을 할 때에는 여권을 보여 주어야 하고, 부동산 거래를 하거나 은행에서 대출을 받을 때에도 신분증을 보여 주어야 해요. 신용 카드를 사용할 때에는 서명을 해야 하고, 카드로 현금 인출기를 사용할 때에는 비밀 번호를 눌러야 하지요. 이 모든 것은 그 사람의 신분을 확인하기 위한 절차예요. 범죄자가 신분증을 위조하는 목적은 여러 가지가 있어요. 다른 사람의 돈이나 재산을 훔치기 위해 그러기도 하고, 다른 사람의 신분으로 체포를 피하거나 여행을 하려고 그러기도 해요. 2007년 한 해 동안 전 세계에서 위조 카드 사용을 포함해 신용 카드 사기 범죄로 은행이 입은 손해는 30억 달러가 넘어요.

128

신분증을 위조하는 사람들

범죄자는 여러 가지 목적으로 신분증을 위조해요. 은행 사기 범죄는 다른 사람으로 행세해 그 사람의 계좌에서 돈을 빼내 가는 것이에요. 범죄자는 계좌 주인의 이름, 생년월일, 주민 등록 번호를 비롯해 은행에서 확

◀ 이 소녀의 지문은 세상에서 혼자만 가지고 있는 것이라서, 스캐너를 사용해 신분을 확인할 수 있어요. 그러면 컴퓨터가 그 지문을 데이터베이스에 저장된 기록과 비교해 신분을 확인해요.

신용 카드 사기 범죄로 매년 ➡
은행과 기업이 입는 피해액은
수십억 달러나 되어요.

인하는 모든 정보를 제시해요. 또, 계좌 주인
의 서명을 흉내 내 문서에 서명하기까지 해
요. 훔친 신용 카드나 위조 신용 카드, 혹은
신용 카드 번호를 이용해 현금 인출기에서
돈을 빼내 가기도 해요.

엉뚱하게 당한 피해자

또 신분 도용 범죄라는 것도 있어요. 범죄자
가 경찰에 체포되었을 때, 다른 사람의 신분
증을 제시하기도 해요. 그러면 신분증을 도
난당하거나 이용당한 피해자가 엉뚱하게 범
죄 혐의를 뒤집어쓰게 되지요. 그런 뒤에 진
짜 범죄자는 유유히 도망칠 수 있어요.

사건파일 X-FILE

신분 도용 범죄

미셸. 브라운은 1998년에 새로 산 자동
차 대금을 지불하라는 전화를 받았어요.
차를 산 적이 없었던 미셸은 이상한 생
각이 들어 모든 신용 카드를 정지시키
고, 은행에 신고를 했어요. 그러나 범인
은 계속해서 미셸의 신분을 사용했어요.
1년 반 동안 범인은 미셸의 카드로 5만
달러어치의 상품을 구입했어요. 미셸은
그 돈을 자신이 쓰지 않았다는 것을 입
증하느라 20일 이상을 매달려야 했어
요. 결국 범인은 잡혔지만, 그걸로 문제
가 다 끝난 게 아니었어요. 범인이 미셸
의 신분으로 교도소에 들어갔기 때문에,
미셸은 한동안 전과 기록을 지닌 채 살
아야 했어요.

범죄자는 진짜 여권의 사진을 떼 내고, 다른 사람의 사진을 붙여서 위조 여권을 만들기도 해요.

훔친 정보로 사는 사람

범죄자가 서명처럼 위조할 정보를 찾아내는 방법은 여러 가지가 있어요. 신분 확인 정보를 사용하는 사람들이 하는 말을 엿들을 수도 있고, 문서나 버린 컴퓨터에서 주소, 계좌 번호를 비롯해 개인 정보를 캐낼 수도 있어요. 또, 우편물을 훔치기도 하고, 집이나 자동차에 침입하여 정보를 알아 내기도 해요. 심지어 이렇게 훔친 정보를 이용해 신용 카드에서부터 여권에 이르기까지 위조 문서를 만들기까지 해요.

130

늘어나는 사이버 범죄

오늘날 아주 빠른 속도로 증가하는 범죄 중 하나는 사이버 범죄예요. 범죄자는 컴퓨터나 인터넷을 이용해 개인 정보를 훔쳐 내 사기 범죄를 저질러요. 컴퓨터를 이용해 개인 정보를 빼내 가는 범죄가 갈수록 늘어나고 있어요. 정부 온라인 사이트에 침입하거나 싸이월드 같은 소셜 네트워크 서비스(온라인 인맥 구축 서비스)에 접속해 개인 정보를 훔쳐 가기도 해요.

컴퓨터 전문가는 컴퓨터 데이터베이스에 침입해 정보를 빼내 갈 수 있어요. 이런 행위를 해킹이라고 불러요. 심지어 믿을 만한 회사나 기관인 것처럼 가장하여 피해자에게 이메일을 보내기도 해요. 그러면서 그 회사를 대표하는 것처럼 하여 개인 정보를 요구하는데, 이런 사기 행위를 피싱(phishing)이라고 해요.

위조 문서 식별하는 방법

사람마다 글씨를 쓰는 방식이 다 달라요. 어떤 사람은 종이 위에 글씨를 쓸 때 펜을 세게 눌러 씁니다. 그러면 종이 위에 눌린 자국(필흔)이 남고, 종이 섬유가 찢어져요. 위조범이 밑에 다른 종이를 댄 채 글씨를 쓸 때가 종종 있는데, 그러면 다른 종이에도 필흔이 남게 되어요.

과학 수사관은 의심스러운 문서에 남은 이런 자국들을 찾습니다. 비스듬한 각도로 빛을 비추면서 입체 현미경으로 눌린 자국 주변의 그림자를 살펴보아요. 입체 현미경은 양 눈으로 보는 고배율 확대경과 같아요. 눌린 자국이 너무 얕아 명확하게 보기가 힘들면, ESDA라는 장비를 사용해 더 자세히 살펴보아요.

현 장 정 보 INFORMATION

ESDA

필흔 재생기라고도 부르는 ESDA는 정전기 감지 장비예요. 감정하고자 하는 종이를 이 장비 위에 올려놓으면, 장비는 종이 위에 얇은 플라스틱 필름을 덮어요. 필름은 정전하를 띠고 있어요. 정전하는 움직이지 않는 전하를 말하는데, 풍선을 모직 스웨터에 대고 문지를 때 생기는 게 바로 정전하예요. 그 풍선을 벽에 갖다 대면 정전하 때문에 풍선이 벽에 들러붙지요. 그런데 필흔의 깊이에 따라 필름 위의 정전하 세기가 달라져요. 그러면 검은색 잉크 가루가 필름에 들러붙으면서 필흔을 분명하게 보여 주어요.

131

위조범이 서명을 아무리 교묘하게 위조하더라도, 전문 감정가의 눈을 속일 수는 없어요.

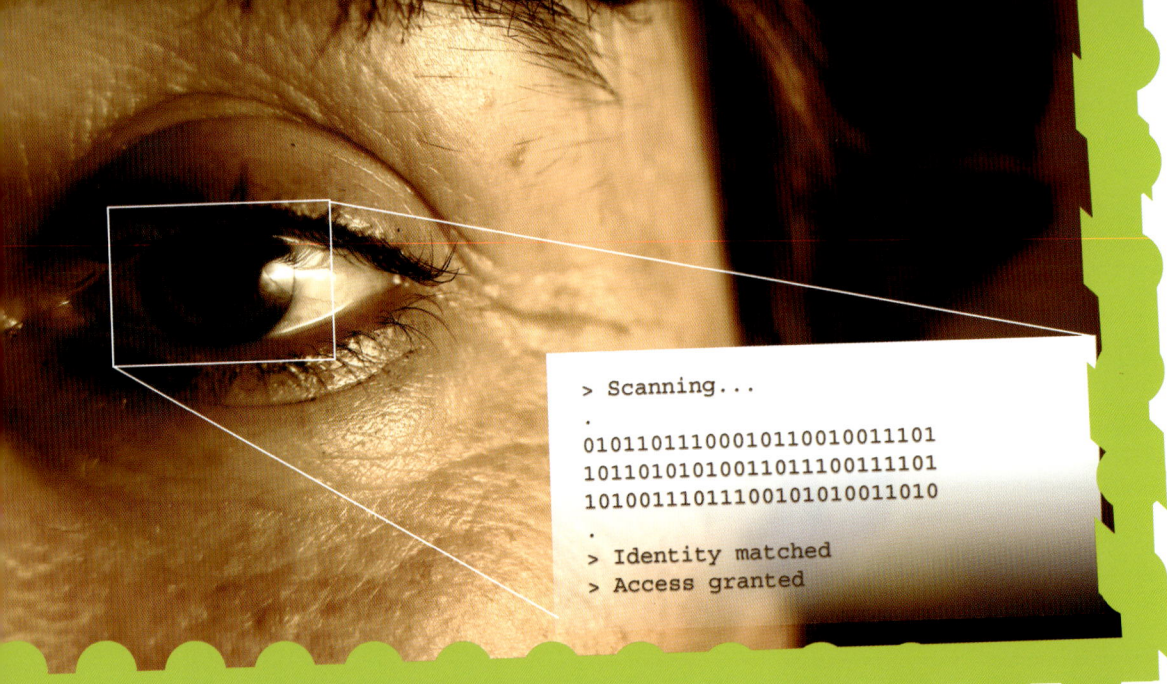

```
> Scanning...
.
0101101110001011001001101
1011010101001101110011101
1010011101110010101011010
.
> Identity matched
> Access granted
```

생체 인식 스캐너는 이 여성의 눈에서 홍채의 형태를 분석해 신원을 확인해요.

132

500달러가 되는 5달러

사기꾼은 개인 수표에 적힌 숫자를 바꾸기도 해요. 예를 들어 5달러짜리 수표를 500달러짜리로 바꾸는 것이지요. 전문 감정가는 이런 문서 위조에 사용된 잉크의 차이를 알아낼 수 있어요. 분광 비교 측정 장비(VSC)는 우리 눈에 보이지 않는 적외선과 자외선을 비롯해 여러 종류의 빛을 문서에 비춰요. 성분이 다른 잉크들은 이러한 빛들에 각기 다르게 반응해요. 이 장비에 달려 있는 비디오 카메라가 잉크에 반사돼 나오는 빛을 포착해 잉크 성분의 차이를 컴퓨터 화면에 보여 주어요.

유명한 위조범

역사상 가장 유명한 신분 위조범은 미국의 프랭크 애배그네일이에요. 그는 1960년대에 문서를 위조해 정식으로 수련 과정을 거친 적도 없으면서 파일럿, 변호사, 의사를 비롯해 여러 분야에서 전문가 행세를 하며 일했어요. 수표도 위조해 여러 나라에서 현금으로 바꾸어 썼어요. 이런 범죄 행위를 통해 애배그네일이 번 돈은 210만 달러가 넘었지만, 결국 그는 1971년에 붙잡혀 교도소에 갇혔어요. 1974년, 애배그네일은 정부가 다른 신분 위조 범죄자를 붙잡도록 도와주는 대가로 조기 석방되었어요. 지금은 사기와 신분 위조 범죄에 대처하려는 은행, 회사, FBI 등을 위해 일하고 있어요. 그의 생애는 레오나르도 디카프리오가 주연한 〈캐치 미 이프 유 캔〉(2002)이란 영화로 만들어지기까지 했어요.

분광 비교 측정 장비는 종이의 차이를 확인하는 데에도 쓰여요. 종이 속에 포함된 화학 물질들은 종류에 따라 서로 다른 빛을 반사하거든요. 얼핏 보기에 다 같은 종이로 보여도, 분광 비교 측정 장비는 재질이 서로 다른 종이를 구별할 수 있어요. 예를 들어 유언장에 다른 종이가 위조되어 추가된 것도 알아낼 수 있어요. 이것은 사기 범죄나 신분 도용 범죄를 입증하는 데 결정적인 증거가 되지요.

신분 위조 범죄를 막는 방법

보안 업체들은 서명을 사용하지 않고 신분을 확인할 수 있는 방법들을 개발했어요. 이런 방법들은 범죄자들이 위조하기가 아주 어려워요. 스마트카드에는 소형 컴퓨터 칩이 내장돼 있어요. 그 칩에는 생년월일과 같은 개인 정보가 들어 있어요. 지문이나 눈의 홍채처럼 신체 중 특정 부위가 지닌 독특한 형태를 인식하는 생체 인식 스캐너를 사용하는 방법도 있어요. 그러한 형태를 개인별로 데이터베이스에 저장해 두면, 스캐너로 읽은 형태와 일치하는지 비교하여 신분을 확인할 수 있어요.

133

분광 비교 측정 장비(VSC)는 잉크와 종이의 재료 차이를 알아내 위조 문서를 가려내요.

위조 문서를 찾아내는 필적 감정

세상에는 글씨가 서로 비슷한 사람들이 많아요. 자기 부모와 글씨가 비슷할 수도 있고, 같은 학교에서 함께 글씨 쓰는 법을 배운 친구와 글씨가 비슷할 수도 있어요. 그렇지만 모든 사람의 글씨는 각각 독특한 개성을 지니고 있어요. 글자의 크기와 모양, 흘려 쓰는 방식 등이 사람에 따라 제각각 독특하기 때문이지요.

글씨에서 찾아내는 범죄 행위

문서 감정가는 필적을 위조하거나 변조한 흔적을 찾아내 범죄 행위를 입증합니다. 필적을 감정할 때에는 단어와 글자의 모양과 기울기, 그리고 글씨의 또박또박한 정도 등을 자세히 살펴요. 또, 글씨를 쓸 때 펜을 얼마나 세게 눌러 썼는지, 글씨를 신중하게 썼는지 급하게 휘갈겨 썼는지도 살펴봅니다. 반복해서 쓰는 단어나 문장을 결합하는 방법에도 주의를 기울이지요. 우리가 글을 쓰는 방식은 말하는 방식과 비슷할 때가 많아요. 말할 때 문법적 실수를 잘 저지르는 사람은 글을 쓸 때에도 같은 실수를 저지르는 경우가 많아요.

◀ 1932년에 유명한 비행사 찰스 린드버그의 아들이 납치되었을 때, 수사관들은 몸값을 요구하는 이 쪽지의 필적이 용의자의 것과 같다는 것을 알아내 사건을 해결했어요.

134

현장 정보 INFORMATION

필적이 알려 주는 성격

필적학자는 필적을 꼼꼼하게 분석하여 그 사람의 성격을 알아내요. 예를 들면, 다음과 같은 것들이 있어요.

- 굵게 꾹꾹 눌러 쓴 글씨 — 심한 스트레스
- 아주 작은 글씨 — 사교성, 자신감 부족
- 키가 큰 글씨 — 야심이 많음
- 소문자 't'의 가로 방향 작대기를 길게 그은 것 — 활발하고 에너지가 넘침
- 소문자 't'의 가로 방향 작대기를 u자 모양으로 그은 것 — 믿기 어렵고 애매한 태도를 보이는 성격

필적을 분석하면 그 사람의 성격도 어느 정도 알아낼 수 있어요.

필적으로 성격을 분석하는 사람

어떤 사람들은 필적이 그 사람의 성격을 알려 준다고 주장해요. 필적을 분석해 그 사람의 성격을 분석하는 전문가를 필적학자라고 해요. 필적학자는 필흔 재생기를 비롯해 문서 감정가가 쓰는 것과 같은 장비를 사용해 필적을 분석해요. 그리고 그것을 쓴 사람의 성격 유형을 알아내요. 그러면 수사관은 용의자 중에서 비슷한 성격 유형을 가진 사람을 찾아내 집중적으로 조사할 수 있어요.

그렇지만 많은 전문가는 필적학자들의 주장에 찬성하지 않아요. 그들은 사람의 필적은 나이나 기분 같은 여러 요인에 따라 변할 수 있다고 믿어요. 또, 필적학은 객관적인 것이 못 된다고 주장해요. 즉, 같은 필적을 가지고도 필적학자마다 제각각 다른 해석을 내놓을 수 있다는 것이지요.

과학으로 밝혀내는 위조 범죄

여러분은 범죄 사건의 단서를 찾고 그것을 푸는 걸 좋아하나요? 몇 시간이고 계속해서 과학 실험을 하는 걸 즐기나요? 범죄자를 찾아내고 체포하는 일에 흥미가 있나요? 이 질문들에 모두 '예'라고 대답했다면, 여러분도 과학 수사관이 될 자질과 적성이 있어요!

과학 수사관이 되려면

과학 수사관으로 일하려면 필요한 자질을 갖추어야 해요. 우선 학교에서 배우는 과목 중에서 화학과 생물학 같은 과학 과목을 잘 해야 해요. 대학에서는 법과학 분야의 강좌를 듣는 게 필요해요. 법과학 학위를 따려면, 과학뿐만 아니라 법과 범죄에 대해서도 자세히 공부해야 해요. 과학 수사관이 갖추어야 할 자질은 그 밖에도 훌륭한 의사소통 능력과 세세한 것을 놓치지 않는 집중력을 비롯해 많이 있어요.

과학 수사관 중에는 실험실에서 일하는 사람이 많기 때문에, 과학에 대한 기본 지식은 필수적이에요.

실험실에서 밝혀내는 위조 범죄

과학 수사관은 실험실에서 일을 시작하는 경우가 많아요. 처음에는 고참 화학자 밑에서 일을 도우며 전문 지식과 기술을 익혀 나갑니다. 실험실 장비와 도구를 제대로 준비하고 다루고 유지하는 것은 기본 업무예요. 그리고 실험을 하면서 관찰하고, 결과를 계산하고 기록하는 일도 하지요. 가짜 동전이나 의약품, 물감, 향수 같은 것을 분석하는 것도 주요 일과에 포함되어요. 이런 기초적인 분석 작업을 통해 과학 수사관의 자질과 능력을 키워 나가다 보면, 언젠가 뛰어난 능력을 인정받는 과학 수사관이 될 수 있어요. 어느 과학 수사관은 이렇게 말했어요. "어떤 분야의 과학이든지 실험실에서 경험을 쌓지 않고 어느 경지에 이르는 것은 불가능하다. 따라서 실험실에서 직접 경험을 쌓는 게 아주 중요하다."

위조 범죄를 막는 사람

과학 수사대에는 위조 범죄 전문가, 즉 위조와 모조를 비롯해 여러 가지 사기 행위의 증거를 찾아내는 전문가가 필요해요. 이들은 직접 경찰에 소속돼 일할 수도 있고, 중앙정보부나 FBI 같은 정부 기관에서 일할 수도 있어요. 미술관이나 박물관에서 일하는 사람들도 있어요. 또, 문서 감정가는 은행이나 회계 법인, 법무 회사 같은 곳에서 일하기도 해요. 사기 범죄를 입증하기 위해 실험실 연구자의 도움이 필요할 때도 있어요. 이런 종류의 사기 범죄를 막기 위해 일하는 기관이나 조직은 안내 요원과 행정 요원을 비롯해 그 밖에 많은 지원 요원도 필요해요. 과학 수사에 관심이 있는 사람들에게는 이처럼 다양한 일자리가 있어요.

현 장 정 보 INFORMATION

과학 수사 분야의 다양한 직업

위조지폐를 찾아내는 사람인 위폐 감식 전문가가 되기 위해서는 국내외 화폐를 전문적으로 취급하는 기관에 입사해야 해요. 대한민국의 경우에는 한국 조폐 공사와 외환은행에서 위폐 감식 전문가가 활동을 하고 있어요.

범죄 현장에서 사건을 목격한 목격자의 진술을 토대로 범인의 얼굴을 만드는 몽타주 제작자가 되려면, 일단 경찰 공무원이 되어야 합니다. 경찰 공무원이 된 후 수사나 형사 등의 업무에 지원하여 몽타주 작성 일을 시작해야 합니다. 현재는 몽타주 제작을 따로 교육하는 기관은 없고, 현장 부서에서 일을 배우는 경우가 대부분이에요.

검시 사망 원인을 알기 위해 시체를 검사하는 것.

겔 전기영동 전기를 이용해 성분 물질들을 분리하는 방법. DNA를 분석할 때 쓰여요.

경매 값을 가장 높이 부르는 사람에게 물건을 파는 방식.

과학 수사관 과학과 기술을 이용해 범죄 사건을 수사하는 사람.

구더기 파리의 애벌레.

기관 간이나 뇌, 심장처럼 생물의 몸에서 독립적인 형태를 가지고 특정 기능을 담당하는 부분.

꽃가루 식물 수술의 꽃밥 속에 들어 있는 꽃의 가루.

다공질 작은 구멍이 많이 있는 물질.

데이터 문자, 숫자, 소리, 그림 따위의 형태로 된 정보.

데이터베이스 공동으로 필요한 데이터를 효율적으로 사용하기 위해 컴퓨터에 저장해 놓은 것.

독물학자 독물의 작용과 중독, 치료 방법 등을 연구하는 과학자.

모르타르 회나 시멘트에 모래를 섞고 물로 갠 것. 얼마 지나면 물기가 없어지고 단단해지므로, 벽돌 따위를 쌓는 데 쓰여요.

모형 모양이 같은 물건을 만들기 위한 틀.

무균 균이 전혀 없는 상태.

방사성 탄소 연대 측정법 시료 속에 포함된 탄소-14의 양을 측정해 그 물체가 얼마나 오래된 것인지 알아내는 방법.

법의곤충학자 시체에 모여드는 곤충을 전문적으로 조사하는 법의학자.

법의독물학자 시체를 조사하여 독물에 중독되었는지 알아내는 법의학자.

법의학 미술가 죽은 사람의 얼굴을 복원하는 법의학자.

법의병리학자 시체를 조사하여 사망 원인을 알아내는 의사.

법의야금학자 금속을 전문적으로 조사하는 법의

학자.

법의인류학자 시체의 뼈를 전문적으로 조사하는 법의학자.

법의학자 의학을 이용해 범죄를 수사하는 사람.

법의화학자 화학 잔여물을 분석하여 범죄 해결의 단서를 제공하는 법의학자.

부검 사망 원인을 알아내기 위해 시체를 해부하는 것.

부동액 액체의 어는점을 낮추기 위하여 첨가하는 액체. 추울 때 자동차 엔진용 냉각수가 어는 것을 막기 위해 첨가해 사용해요.

분광 비교 측정 장비 우리 눈에 보이지 않는 적외선과 자외선 등 여러 종류의 빛을 문서에 비추어 잉크의 성분을 보여 주거나, 종이 속에 포함된 화학 물질을 분석해 주는 기계.

사기 나쁜 꾀로 남을 속여 돈이나 물건을 빼앗는 행위.

사후 경직 사망 후 몇 시간이 지났을 때 근육이 굳어지면서 온몸이 뻣뻣하게 굳어지는 현상.

색소 잉크나 페인트 등에서 색깔이 나타나게 하는 성분.

생체 인식 스캐너 홍채의 형태를 분석해 신원을 확인하는 스캐너.

섬유 가늘고 긴 실 모양의 물질.

수의 죽은 사람을 매장할 때 입히는 옷.

수출 국내의 상품이나 기술을 외국으로 팔아 내보내는 것.

시체 보관소 시체의 신원을 확인하거나 매장할 때까지 임시로 시체를 보관해 두는 장소.

신분 도용 다른 사람의 신분 증명 문서를 훔쳐 그 사람인 양 행세하는 범죄.

암호화 보통 문장을 암호로 바꾸는 것.

염색체 유전 물질인 DNA가 늘어서 있는 실 모양의 물질.

오염 다른 물질이 섞여 더러워지거나 위험해지는 것.

용매 어떤 액체에 물질을 녹여서 용액을 만들 때

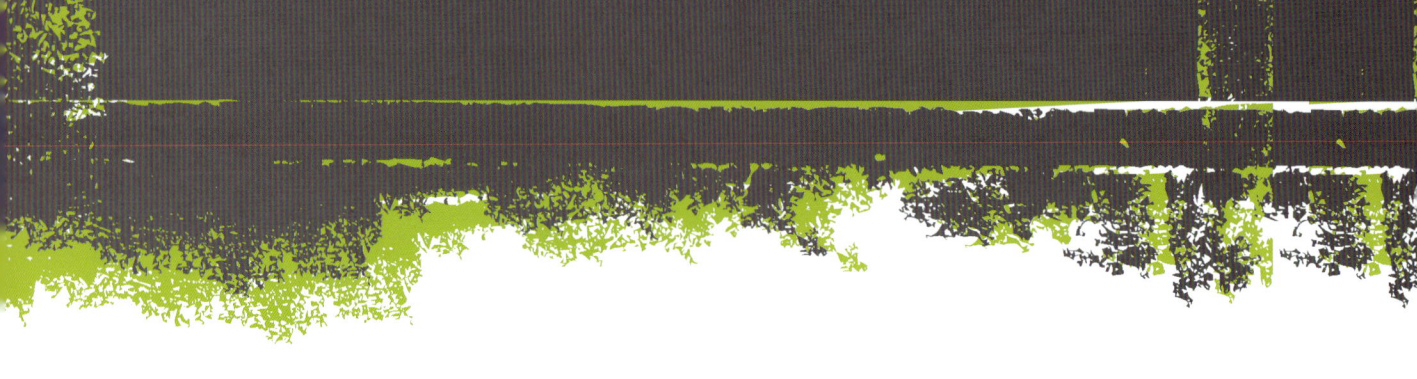

그 액체를 가리키는 말.

원심분리기 원심력을 이용하여 섞여 있는 액체와 고체 또는 비중이 서로 다른 액체 혼합물을 분리하는 장치.

위조 남을 속일 목적으로 어떤 물건을 꾸며 진짜처럼 만드는 행위.

유물 옛날 사람들이 남긴 물건.

유전 암호 단백질의 길이와 아미노산 배열을 결정하고, 유전 정보를 제공하는 암호. DNA의 염기 배열 형태가 유전 암호를 이루어요.

유전자 생물체의 유전 형질을 나타나게 하는 인자.

인쇄판 종이나 다른 물질에 인쇄할 그림과 문자가 새겨져 있는 판.

일산화탄소 색과 냄새가 없는 독성 기체. 나무나 기타 연료를 태울 때 불완전 연소로 생겨요.

자동 지문 식별 시스템 최초의 전자 지문 대조 시스템으로, 온라인으로 연결되어 전 세계의 지문 데이터베이스에 저장된 지문들을 서로 대조할 수 있는 시스템.

자외선 파장이 X선보다 길고, 가시광선보다 짧은 전자기파. 눈으로 볼 수는 없지만, 화학 작용이나 생리적 작용이 강하고, 살균 작용이 강해요.

잔여물 쓰고 남은 나머지 물건.

저작권료 작품 따위를 사용할 때 그 저작권을 소유한 사람에게 지급하는 돈.

적외선 파장이 가시광선보다 길어 우리 눈에 보이지 않는 전자기파.

전기영동 전기를 이용해 성분 물질들을 분리하는 방법. DNA를 분석할 때 쓰여요.

중세 유럽의 역사에서 5세기부터 15세기에 이르는 시대.

중합 효소 연쇄 반응 DNA 중 원하는 부분을 복제하는 기술. 이 기술을 쓰면 양이 아주 적은 DNA에서 원하는 특정 DNA 부분만 선택적으로 복제해 많이 만들 수 있어요.

증발 어떤 물질이 액체 상태에서 기체 상태로 변하는 것.

질량 분석법 화학 물질의 종류를 분석하고, 분자량

을 알아내는 데 쓰는 장비.

컴퓨터 칩 작은 전기 회로를 새겨 넣은 실리콘 칩.

크로마토그래피 혼합물 중 각 성분이 용매에 녹아 이동하는 정도의 차이를 이용해 각 성분을 분리하고 분석하는 방법.

탄도학 발사한 탄환이 날아가는 방식을 연구하는 학문.

토리노 수의 예수가 죽을 때 걸쳤던 천으로, 십자가에 못 박힌 남자 형상이 희미하게 새겨져 있어요.

피싱 이메일이나 전화를 이용해 상대방에게서 개인 정보를 빼내는 행위.

필적학자 필적을 분석하여 용의자의 성격을 분석하는 전문가.

항체 병원균 같은 항원의 침입에 대항하여 우리 몸이 만들어 내는 물질.

해적판 저작권자의 허락 없이 불법으로 복제되어 판매 유통되는 서적이나 테이프, 소프트웨어 따위를 이르는 말.

해킹 남의 컴퓨터 시스템에 침입하는 일.

현미경 눈으로는 볼 수 없을 만큼 작은 물체나 물질을 확대해서 보는 기구.

혈청학 혈청에 들어있는 항체를 대상으로 항원 항체 반응을 연구하는 분야.

형광 어떤 물체가 에너지를 흡수했다가 빛의 형태로 그것을 내보내는 현상.

DNA 디옥시리보핵산(deoxyribonucleic acid)의 약자. 살아 있는 거의 모든 세포에 들어 있고, 유전 형질을 전달하는 복잡한 분자.

X선 감마선과 자외선의 중간 파장에 해당하는 전자기파. 눈에 보이지 않지만, 투과 작용이 강하여 몸 내부를 촬영하는 데 쓰여요.

찾아보기

142

ㅈ

ㅊ

ㅋ

145

참고 사이트

▼ 1. 과학으로 파헤치는 범행 현장

이 사이트는 법의학자와 범행 현장 수사관에 관한 정보가 많이 있어요. 게다가 미스터리 사건을 풀어 볼 수도 있어요.

www.abc.net.au/science/slab/forensic/default.htm

과학 수사에 관한 정보와 지식을 담고 있는 데이터베이스, 과학 수사의 역사에서 일어난 중요한 사건들, 게임이 들어 있어요.

www.virtualmuseum.ca/Exhibitions/Myst/en/rcmp/index.html

▼ 2. 과학으로 증명하는 사건의 진실

이 사이트에서는 범죄 해결에 사용되는 법의학과 과학에 관해 알아야 할 모든 것을 찾아볼 수 있어요.

www.discoverychannel.co.uk/crime/_home/index.shtml

이것은 특히 어린이를 위한 FBI 웹사이트예요. 게임을 하고, 퍼즐을 풀고, 특수 요원이 될 자질이 있는지를 알아보는 등 재미있는 것이 많이 있어요.

www.fbi.gov/kids/6th12th/6th12th.htm

다양한 범죄가 남긴 증거를 살펴보고, 법의학과 과학 수사 방법으로 범인을 찾아내는 과정을 알아볼 수 있어요.

www.trutv.com/forensics-curriculum

▼ 3. 과학으로 밝혀내는 위조 범죄

빈란드 지도, 히틀러의 일기를 비롯해 그 밖의 유명한 사기 사건에 대해 더 많은 정보를 알고 싶다면, 다음 사이트를 참고하세요.

www.pbs.org/wgbh/nova/vinland/fakes.html

과학자들이 범죄를 해결하는 데 도움을 주는 기술에 대해 더 많은 것을 알고 싶다면, 다음 사이트를 참고하세요.

http://whyfiles.org/081art_sci/5.html

돈과 위조에 관해 더 많은 것을 알고 싶다면, 다음 사이트를 참고하세요.

www.secretservice.gov

Photographs

1. 과학으로 파헤치는 범행 현장

Photographic Credits:

Shutterstock: Olivier Le Queinec front cover; Corbis: Andrew Brookes/Flirt 20, Robert Sciarrino/ Star Ledger 32; Dreamstime: Shariff Che'Lah 44; Fotolia: CatPaty17, 30, Haemengine 25, Stepanov 21; Getty Images: Bulent Kilic/AFP 16; Istockphoto: Stefan Klein 10, Rich Legg 11, Paul Tessier 31, Jaroslaw Wojcik 45; Science Photo Library: Michael Donne 17, Mauro Fermariello 38, John Mclean 43, Philippe Psaila 8, 14, Jim Varney 13; Shutterstock: Nick Alexander 40, Gualtiero Boffi 36, Katrina Brown 28, Kevin L Chesson 34, Dhoxax 41, Romanchuck Dimitry 26, Elisanth 19, Laurence Gough 49, Stephen Kiers 31, Emin Kuliyev 35, Andre Nantel 39, Olivier Le Queinec 18, Serg64 47, Kenneth Sponsler 37, Dale A Stork 22, Stephen Sweet 9, Leah-Anne Thompson 46, Jason Vinz 27, Klemens Waldhuber 23; Topham Picturepoint: The Image Works/Bob Daemmrich 12.

2. 과학으로 증명하는 사건의 진실

Photographic Credits:

Shutterstock: Leah-Anne Thompson front cover; Alamy Images: Ian Miles-Flashpoint Pictures 68; Getty Images: Bentley Archive/Popperfoto 73, Gali Tibbon/AFP 60; Istockphoto: Anji71 83, Christian Anthony 70, Dan Bishop 88, Lorenzo Colloreta 67, Long Ha 57, Kativ 71, Achim Prill 56, Jayson Punwani 76; Public Health Image Library: 65; Rex Features: Sedat Ozkomec 85; Science Photo Library: Mauro Fermariello 61, 87, 90, Steve Gschmeissner 59, Philippe Psaila 77, 89, Charles D Winters 62; Shutterstock: Carlos Arranz 66, Mario Bruno 72, Kevin L Chesson 54, Michael Coddington 84, Jarrod Erbe 74, Laurence Gough 93, Tom Grill 81, Tom Grundy 82, Ragne Kabanova 79, Jon Kroninger 64, Emin Kuliyev 53, Rob Marmion 52, Timothy R. Nichols 58, Rae 69, Supri Suharjoto 75, Derek Thomas 80, Vladimir Zivkovic 86.

3. 과학으로 밝혀내는 위조 범죄

Photographic Credits: Shutterstock: Oleksandr front cover;

Alamy Images: Kevin Foy 112, Mikael Karlsson 135; Corbis: Annebicque Bernard 118, Bettmann 134, P Deliss/Godong 127, Bob Sacha 125, Arnd Wiegmann/Reuters 105; Dreamstime: Aleksandar Milosevic 101; Fisher Forensic Document Laboratory, Inc: 132-133; Getty Images: Keystone 121, Alex Wong 103; Istockphoto: Melissa Carroll 111; PA Photos: Metropolitan Police 119; Photoshot: UPPA 128; Rex Features: Jonathan Hordle 116; Science Photo Library: Mehau Kulyk 123, Volker Steger 96; Shutterstock: Andresr 129, Greg A Boiarsky 99, Miles Boyer 113, Chicago CommercialPhotography.com 97, Alexander Gitlits 110, Laurence Gough 106, 108, 136, Anne Kitzman 98, Hannu Liivaar 114, Michal Mrozek 132, Oleksandr 100, Paul Paladin 131, PeJo 115, Volker Steger 117, StillFX 104, Jens Stolt 109, Tatiana777 107, Timothy W. Stone 130; Topham Picturepoint: 124, Roger-Viollet 120r, Ullsteinbild 122, World History Archiv 120l; Wikipedia: 102.